服装高等教育"十二五"部委级规划教材（高职高专）

服装工业样板设计
实训教程

彭立云　等　编著

中国纺织出版社

内 容 提 要

本书内容以工作过程为导向,将服装制板相关知识进行横向构建。书中大部分案例来自于企业生产一线,按照项目课程的产品,从简单到复杂,从单一到综合。本书共分18个实训项目,具体内容涵盖服装工业制板基础实训、来单制板实训、驳样制板实训、设计图制板实训。实训将工作任务作为学习的中心,实现了学习内容与企业实际运用的新知识、新技术、新方法同步。内附光盘,包含丰富的多媒体课件。

本书可作为中、高等职业技术院校服装专业学生及各类服装教育培训机构学员的教材,也可供广大服装爱好者自学使用。

图书在版编目(CIP)数据

服装工业样板设计实训教程／彭立云等编著 .—北京：中国纺织出版社，2012.8（2021.8重印）

服装高等教育"十二五"部委级规划教材 . 高职高专

ISBN 978-7-5064-8688-0

Ⅰ.①服… Ⅱ.①彭… Ⅲ.①服装样板—工业设计—高等职业教育—教材 Ⅳ.① TS941.631

中国版本图书馆 CIP 数据核字（2012）第 112009 号

策划编辑：张晓芳　　责任编辑：宗　静　　责任校对：寇晨晨
责任设计：何　建　　责任印制：何　建

中国纺织出版社出版发行
地址：北京市朝阳区百子湾东里 A407 号楼　　邮政编码：100124
销售电话：010—67004422　　传真：010—87155801
http://www.c-textilep.com
中国纺织出版社天猫旗舰店
官方微博 http://weibo.com/2119887771
三河市宏盛印务有限公司印刷　　各地新华书店经销
2012 年 8 月第 1 版　　2021 年 8 月第 4 次印刷
开本：787×1092　1/16　印张：17.25
字数：296千字　定价：36.00元（附1张光盘）

凡购本书，如有缺页、倒页、脱页，由本社图书营销中心调换

出版者的话

《国家中长期教育改革和发展规划纲要》(简称《纲要》)中提出"要大力发展职业教育"。职业教育要"把提高质量作为重点，以服务为宗旨，以就业为导向，推进教育教学改革。实行工学结合、校企合作、顶岗实习的人才培养模式"。为全面贯彻落实《纲要》，中国纺织服装教育学会协同中国纺织出版社，认真组织制订"十二五"部委级教材规划，组织专家对各院校上报的"十二五"规划教材选题进行认真评选，力求使教材出版与教学改革和课程建设发展相适应，并对项目式教学模式的配套教材进行了探索，充分体现职业技能培养的特点。在教材的编写上重视实践和实训环节内容，使教材内容具有以下三个特点：

（1）围绕一个核心——育人目标。根据教育规律和课程设置特点，从培养学生学习兴趣和提高职业技能入手，教材内容围绕生产实际和教学需要展开，形式上力求突出重点，强调实践。附有课程设置指导，并于章首介绍本章知识点、重点、难点及专业技能，章后附形式多样的思考题等，提高教材的可读性，增加学生学习兴趣和自学能力。

（2）突出一个环节——实践环节。教材出版突出高职教育和应用性学科的特点，注重理论与生产实践的结合，有针对性地设置教材内容，增加实践、实验内容，并通过多媒体等形式，直观反映生产实践的最新成果。

（3）实现一个立体——开发立体化教材体系。充分利用现代教育技术手段，构建数字教育资源平台，开发教学课件、音像制品、素材库、试题库等多种立体化的配套教材，以直观的形式和丰富的表达充分展现教学内容。

教材出版是教育发展中的重要组成部分，为出版高质量的教材，出版社严格甄选作者，组织专家评审，并对出版全过程进行跟踪，及时了解教材编写进度、编写质量，力求做到作者权威、编辑专业、审读严格、精品出版。我们愿与院校一起，共同探讨、完善教材出版，不断推出精品教材，以适应我国职业教育的发展要求。

中国纺织出版社
教材出版中心

前言

　　为了适应我国高等职业教育教学改革的需要，本教材在编写过程中打破了专业知识的纵向完整的体系，按照以工作过程为导向的项目课程设计要求，将相关知识进行横向构建。项目课程的产品从简单到复杂，从单一到综合，将各个工作任务的学习内容分步进行编写。本书主要突出以下几个特点：

　　（1）该门课程以培养服装结构设计、服装样板制作、服装排料与裁剪、服装工艺设计等能力为基本目标，彻底打破学科课程的设计思路，紧紧围绕工作任务完成的需求来选择和组织教学内容，突出工作任务与知识的联系，让学生在职业实践活动的基础上掌握知识，增强课程内容与职业岗位能力要求的相关性，提高学生的就业能力。

　　（2）实训任务选取的基本依据是该门课程涉及的工作领域和工作任务范围，同时遵循高等职业学校学生的认知规律，紧密结合职业资格证书中相关考核要求，确定本课程的实训任务模块和实训内容。为了充分体现任务引领、实践导向课程思想，每一个实训都有具体的工作任务和完成任务的具体步骤。

　　（3）每一个综合实训都是将工作任务作为学习的中心，实现了学习内容与企业实际运用的新知识、新技术、新工艺、新方法的同步，学习与就业的同步。

　　（4）书中大部分案例来自于企业生产第一线，体现地区产业特点，具有很强的针对性和可操作性。书中配有多媒体学习光盘，便于学生自主学习。

　　本书共有十八个实训项目，内容包括服装工业制板基础实训、来单制板实训、驳样制板实训、设计图制板实训等。其中，实训一、实训二、实训三、实训十、实训十五及第四章的实训常见问题分析由彭立云编写，实训九、实训十一、实训十二、实训十三及实训十四由王军编写，实训四、实训十八由陈伟伟编写，实训十六、实训十七由季小霞编写，实训六由周忠美编写，实训七由刘辉、史蓓编写，实训八由朱晓炜编写，实训五由季菊萍、周忠美编写。全书由彭立云统稿。

　　本书在编写过程中得到了南通纺织职业技术学院的各级领导、服装实训室顾美华老师、南通纺联服装有限公司胡美兰师傅、湖南师范大学欧阳心力教授、南通纺织职业技术学院的高亚晴、姜炜炜、张柳燕、赵颖、坎晓宇等同学的大力支持，在此向他们表示感谢。

　　由于编者水平有限，书中难免存在错误和疏漏，恳请各位读者批评指正。

编著者

2011年3月

教学内容及课时安排

章/课时	课程性质/课时	节	课程内容
第一章 （20学时）	服装制板基础实训 （20课时）		第一章　服装制板基础实训
		一	基础连衣裙样板制作
		二	省道转移方法与应用
		三	衣领结构设计
		四	衣袖结构设计
第二章 （20学时）	服装工业样板设计 综合实训 （60课时）		第二章　来单制板实训
		一	企领泡泡短袖女衬衫制板
		二	船长服女上装制板
		三	无袖连身立领旗袍制板
		四	男装线卡贴袋长裤制板
		五	鱼尾裙制板
第三章 （20学时）			第三章　驳样制板实训
		一	双排扣女外套制板
		二	花边领女衬衫制板
		三	立领套头女衬衫制板
		四	门襟抽褶女衬衫制板
第四章 （20学时）			第四章　设计图制板实训
		一	偏门襟女衬衫制板
		二	韩版女风衣制板
		三	企领女外套制板
		四	青果领女外套制板
		五	弯弧领女外套制板

注　各院校可根据自身的教学特色和教学计划对课程时数进行调整。

目录

第一章　服装制板基础实训

课题名称： 服装制板基础实训。

课题内容： 在教师指导下完成基础连衣裙制板实训、省道转移实训、衣领结构设计实训、衣袖结构设计实训。

课题时间： 20学时。

教学目的： 1.会制作女装原型，会运用女装原型进行省道转移、衣领结构设计及衣袖结构设计。

2.能缝制试样，会检查及修改样板。

3.培养学生的自学能力、沟通能力及团队合作精神。

教学方式： 采用讲授、演示、小组合作、教师指导等多种方式。

教学要求： 1.教学场地须为打板与缝制融为一体的一体化教室，且配备多媒体教学设备及制板桌、缝纫机、人台、熨斗、工作台等。

2.由学生自备直尺、三角尺、服装专用曲线尺、梭芯、梭壳、缝纫线、手针、大头针、铅笔及笔记本等。

课前准备： 1.学生准备白坯布及打板纸。

2.教师准备实训任务单、有关学习材料、报告单、评价表及教学课件等。

实训任务： 根据教师下达的实训任务单，完成如下内容：

1.女装原型及基础连衣裙制板。

2.典型服装的省道转移。

3.基本类型的衣领结构设计。

4.基本类型的衣袖结构设计。

5.做好工作过程记录，填写实训报告单。

实训一　基础连衣裙样板制作

一、实训目的

（1）熟悉女装原型各部位名称。

（2）会制作女装原型样板。

（3）会运用女装原型样板制作基础连衣裙样板。

（4）会缝制试样及修改样板。

二、实训工具和设备

（1）GC 系列平缝机、人台、打板桌。

（2）缝纫线、服装面料。

（3）牛皮纸、直尺、6 字曲线尺、铅笔、锥子、剪刀、大头针、梭芯、梭壳。

三、实训任务

（1）绘制 1:1 女子上衣原型及裙原型样板。

（2）利用女子上衣原型及裙原型样板，完成 1:1 有腰线基础连衣裙样板制作。

（3）完成有腰线基础连衣裙的缝制试样及样板修改。

（4）做好实训过程记录、实训总结并填写实训报告单。

四、实训过程

（一）女装原型制作

1. 尺寸测量

女子上装原型需测量的基本尺寸是胸围、背长和臂长，下装原型需测量的尺寸是腰围、臀围和膝长。测量方法如图 1-1 所示。

（1）胸围。用软尺过乳峰点，不松不紧水平环绕胸部围量一周。

（2）背长。自后颈中点量至腰围线的距离。

（3）臂长。自肩峰点经肘部量至尺骨茎突点的长度。

（4）腰围。将软尺环绕腰部最细处，不松不紧水平环绕围量一周。

（5）臀围。在臀部最丰满处，不松不紧水平环绕围量一周。

（6）膝长。从腰围线量至膝盖中点。此长度常用来决定裙长。

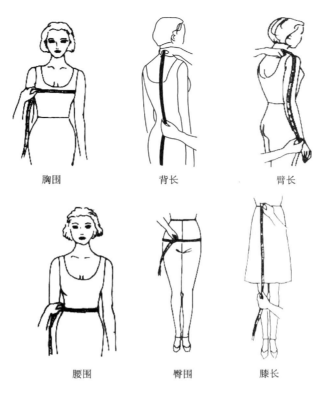

图 1-1　人体测量部位及方法

2.服装各部位代号及其说明

在结构制图中引进部位代号，主要是为了书写方便，同时，也为了制图画面的整洁。大部分的部位代号都是以相应的英文单词首位字母（或两个首位字母的组合）表示的，见表 1-1。

表 1-1　服装主要部位代号

中文名	英文名	字母代号	中文名	英文名	字母代号
胸围	Bust	B	肩颈点	Side Neck Point	SNP
腰围	Waist	W	肩端点	Shoulder Point	SP
臀围	Hip	H	前颈点	Front Neck Point	FNP
腹围	Middle Hip	MH	后颈点	Back Neck Point	BNP
颈围	Neck	N	袖隆弧长	Arm Hole	AH
线、长度	Line	L	背长	Back Length	BL
肘线	Elbow Line	EL	背宽	Back Width	BW
乳高点	Bust Point	BP	胸宽	Front Bust Width	FW
膝线	Knee Line	KL	袖口宽	Cuff Width	CW

3. 认识女装原型的各部位名称

女装原型的各部位名称如图 1-2 所示，女装裙原型各部位名称如图 1-3 所示。

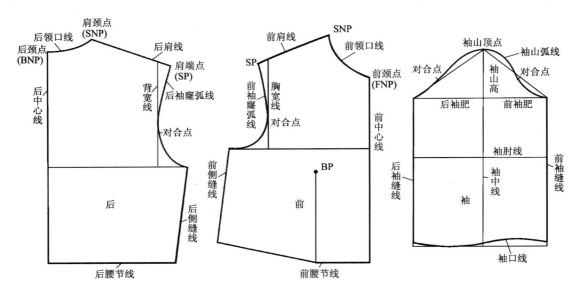

图 1-2　女装上衣原型各部位名称

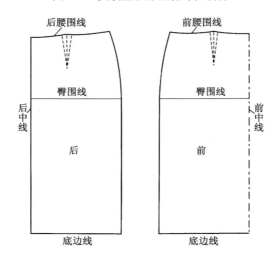

图 1-3　女装裙原型各部位名称

4. 确定制图规格

通过尺寸测量，得出制图规格，见表 1-2。

表 1-2　原型制图规格表　　　　　　　　　　　　　　　　　单位：cm

部位 规格	背长	胸围（B）	袖长（SL）	裙长	腰围（W）	臀围（H）
160/84A	38	84	54	59	65	90

5. 绘制原型

（1）绘制前后衣身原型。前后衣身原型绘制大致分为 4 个过程：首先绘制横向、纵向基础线；然后根据背长、胸围尺寸，确定出前后中心线、腰围线；再依次确定出侧缝线、胸宽线、背宽线，如图 1-4 所示；最后将各点连接，绘制出肩线、领口弧线、袖窿弧线，完成原型制图，如图 1-5 所示。

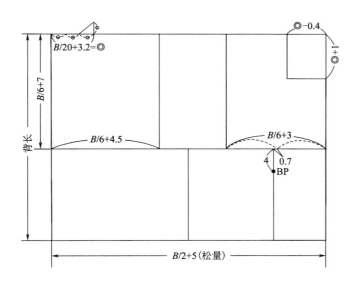

图 1-4　基础线的尺寸分配

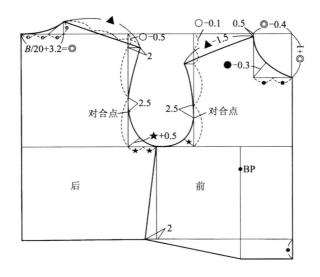

图 1-5　前后片具体部位尺寸分配

（2）绘制袖原型。绘制袖原型时，首先要测量出前后衣身的袖窿弧长度 AH，如图 1-6 所示；然后设计袖山高度及袖肥；最后画出袖山弧线及袖口弧线，如图 1-7 所示。

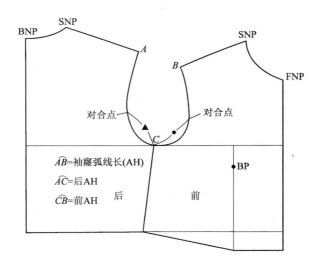

图 1-6　对合点位置及袖窿弧长确定

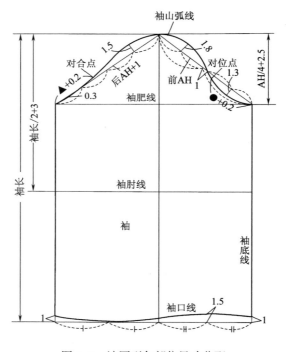

图 1-7　袖原型各部位尺寸分配

（3）绘制裙原型。绘制裙原型时，首先要测量出裙长、腰围、臀围的净尺寸，如图 1-1 所示；然后设计腰围和臀围的放松量；画出裙原型辅助线框架，如图 1-8 所示，最后完成裙原型结构图，如图 1-9 所示。

图中的腰围、臀围均为净腰围和净臀围，制图时应加松量，臀围加 4cm 松量，腰围加 2cm 松量。

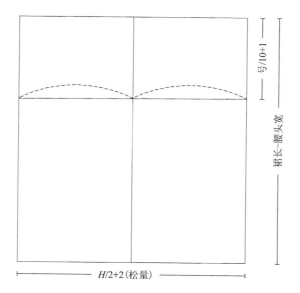

图 1-8　裙原型基本框架尺寸分配

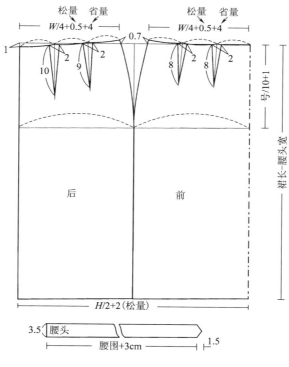

图 1-9　裙原型结构图

（二）有腰线基础连衣裙样板制作

运用原型制作基础连衣裙。原型绘制时，在整个衣片中加入了 10cm 的松量。这个量主要是考虑到人体的静态呼吸量、基本动态活动量和装袖后的穿着舒适性松量，因此运用原型制作基础连衣裙时无须再加松量。为了适应人体后背肩胛骨的突出，原型的后肩线比前肩线加大 1.5cm，这个量处理成为后肩省。原型绘制时，腰部有较多的浮余量，在制作合身型基础连衣裙时，在腰部留 4cm 松量后，多余的浮余量处理成前后腰省。由于女性前胸丰满，为了使得侧缝线美观，腰部前片大于后片 2cm。裙子省道位置应和上衣省道位置对齐。衣身及裙制图如图 1-10 所示。

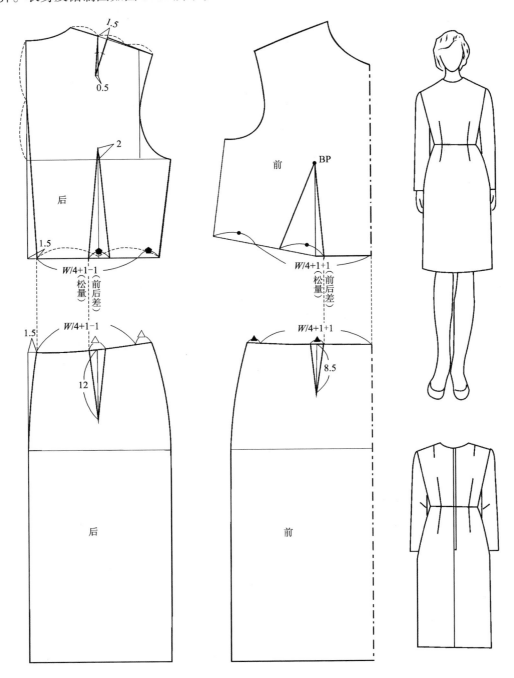

图 1-10　基础连衣裙衣身制图

　　因为样板上的省比较多,故衣身与裙片上,要以省道合并状态连顺样板线条,如图1-10所示;确认领口弧线、袖窿弧线、前后衣身肩线及对合处线的连接情况是否良好;前后片对合后画顺腰围线;袖窿弧线前后结合处也要画顺。

　　加入对位记号(袖窿与袖山、省位、前后裙片侧缝、折边处),省尖打孔;在各片样板上加入丝缕线、衣片名称、号型等,完成样板制作,如图1-11～图1-15所示。

图 1-11　裙腰部弧线的画法

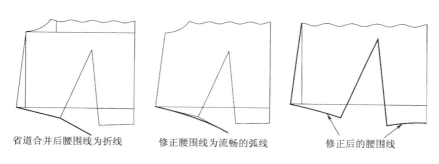

图 1-12　衣身腰部弧线的画法

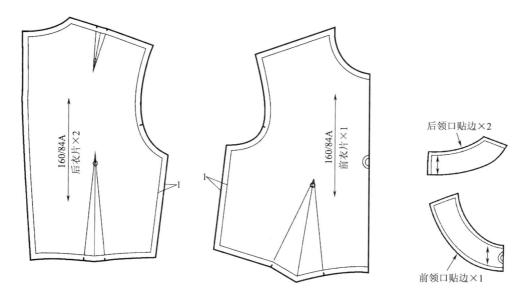

图 1-13　衣身样板制作

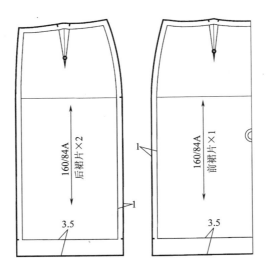

图 1-14　裙样板制作

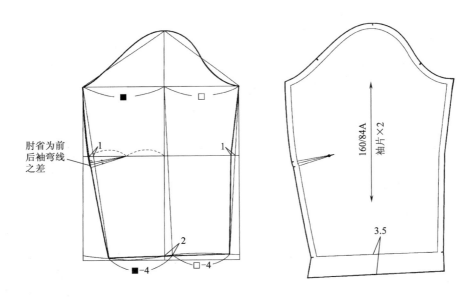

图 1-15　一片合体袖制图及样板制作

（三）有腰线基础连衣裙的样衣制作

1. 排料裁剪

有腰线基础连衣裙的排料图如图 1-16 所示。

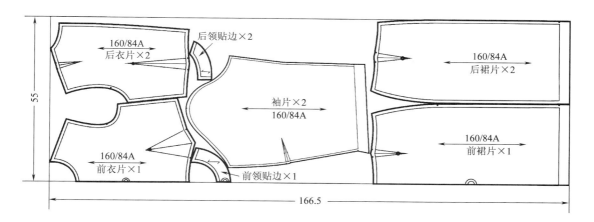

图 1-16　有腰线基础连衣裙的排料图

2. 成品展示

有腰线基础连衣裙的成品展示如图 1-17 所示。

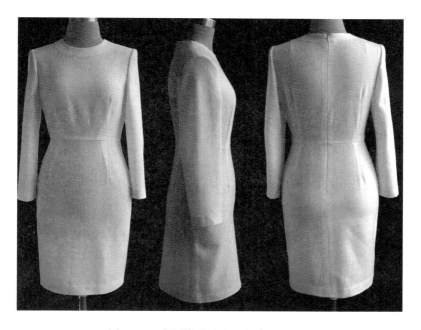

图 1-17　有腰线基础连衣裙成品展示

五、实训常见问题分析

1. 基础连衣裙质量要求

在静止状态下观察，前后中心线应竖直；腰围线、底边线应水平；各部分尺寸（裙长、袖长、背长）、各横向围度（胸围、腰围、臀围、袖宽）松量符合要求；装袖圆顺，如图 1-18 所示。

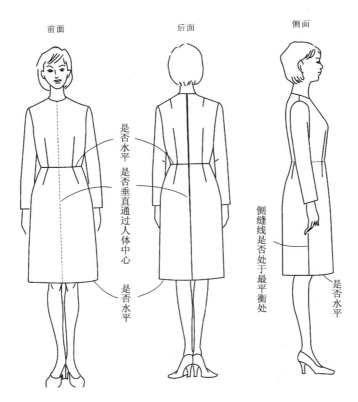

图 1-18 基础连衣裙试装检查示意图

2. 质量问题及原因分析

在实训过程中常见一些质量问题，如图 1-19 所示为使用原型上衣纸样及原型裙纸样制作出来的基础连衣裙成品图。从成品展示图中可以看出，右袖不美观，从前身看，衣身袖窿处有褶皱，袖身有凹痕，且往外张；从后身看，袖子褶皱很多，非常不美观。

原因分析：仔细检查试装效果，发现袖山高不够，装袖时吃量不够，经测量只有 1.5cm 的吃量，缝制时又使得前衣片袖窿有吃量，导致前衣片袖窿附近衣身起皱，如图 1-19（a）右袖所示。改进措施：仔细检查样板，发现袖片制图时，后袖山斜线长为后 AH，因而导致袖山弧长不够，经重新调整为"后 AH+1"，袖山吃势总量达到 2.5cm，袖子外形明显改观，如图 1-19（a）左袖所示。

从试样中还可以看出，后中心缝拉链处，衣身有少许皱痕。

原因分析：后中心缝隐形拉链时，面料放下层，拉链放上层，缝制时面料有少许吃势，造成后衣身缝拉链处有少许皱痕。改进措施：可在衣身后中心缝拉链处烫少量黏合衬，缝制时带紧衣片，不使其有吃势。

从图 1-19（c）中还可以看出，装袖时容易造成吃势分布不合理的问题，袖山顶点附近吃量偏多，导致袖山顶点附近出现褶痕。改进措施：装袖时做好对位标记，严格控制各部位吃量。

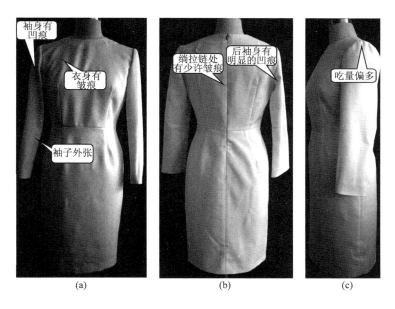

图 1-19　基础连衣裙试装图

为了取得良好的着装效果，连衣裙的肩宽在原型的肩宽上两边各减少 0.5cm，腰省省尖偏离 BP 点 2 ～ 3cm，如图 1-20 所示。

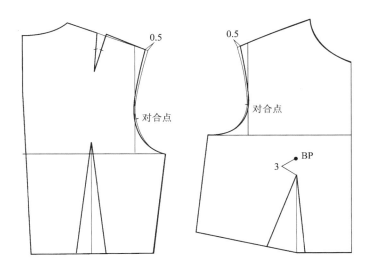

图 1-20　基础连衣裙样板修正

3. 小结

在缝制样衣之前一定要进行样板的校对，包括：缝合边的校对；样板规格的校对；检验是否符合样衣或款式图；里料样板、衬料样板、工艺样板的检验；样板标记符号的检验等。试样后，仔细检查成衣效果，对不合理部位进行样板修正。

实训二 省道转移方法与应用

一、实训目的

（1）会运用省道转移方法进行服装结构设计。

（2）在学习过程中培养自学能力。

（3）在学习过程中培养沟通能力及团队合作精神。

二、实训工具和设备

（1）GC 系列平缝机、打板桌。

（2）缝纫线、手缝针、大头针、白坯布。

（3）牛皮纸、直尺、6 字曲线尺、铅笔、剪刀、梭芯、梭壳。

三、实训任务

（1）利用本文中提供的图文，边学边练如图 1-25~ 图 1-37 所示的省道转移方法。

（2）通过查阅参考资料，小组合作，完成如图 1-21 所示的上衣衣身制图，并通过立裁展示作业。要求：

①完成 1:5 上衣衣身结构制图。

②完成 1:1 上衣衣身样板制作、立裁展示及样板修改。

③做好实训过程记录、实训总结，填写实训报告单并准备汇报交流。

图 1-21 实训作业图示

四、实训过程

1. 认识省道的种类及结构

省道按部位分可分为领口省、肩省、袖窿省、侧缝省、腰省、门襟省等，省道的种类如图 1-22 所示。省道还可以相互连通连省成缝或其他结构，如图 1-23 所示。

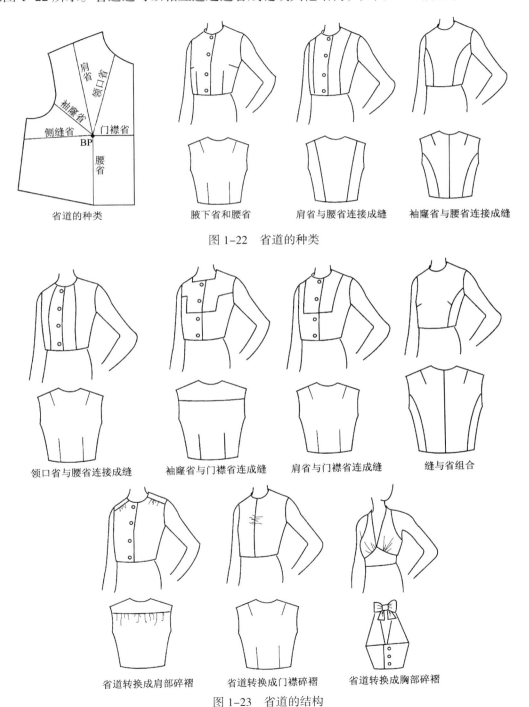

省道的种类	腋下省和腰省	肩省与腰省连接成缝	袖窿省与腰省连接成缝

图 1-22 省道的种类

领口省与腰省连接成缝	袖窿省与门襟省连成缝	肩省与门襟省连成缝	缝与省组合

省道转换成肩部碎褶	省道转换成门襟碎褶	省道转换成胸部碎褶

图 1-23 省道的结构

2. 省道转移方法——旋转法

通过旋转转移省道如图 1-24 所示。

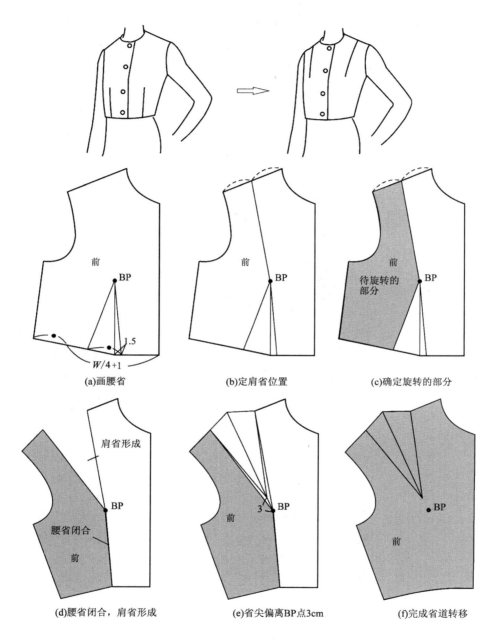

(a)画腰省   (b)定肩省位置   (c)确定旋转的部分

(d)腰省闭合，肩省形成   (e)省尖偏离BP点3cm   (f)完成省道转移

图 1-24　省道转移方法

3. 省道转移应用

利用文中提供的步骤和方法完成图 1-25~ 图 1-37 的结构制图。

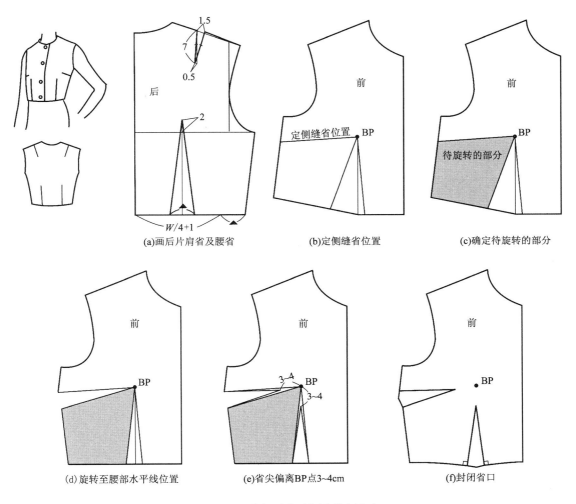

图1-25 有侧缝省及腰省的短上衣

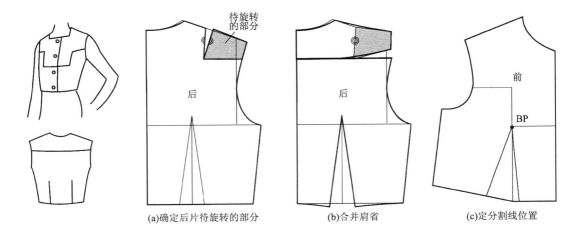

图1-26

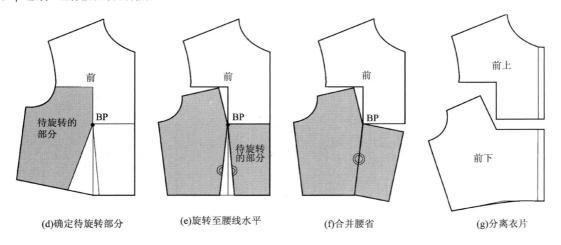

(d)确定待旋转部分　　　　(e)旋转至腰线水平　　　　(f)合并腰省　　　　(g)分离衣片

图 1-26　门襟省与袖窿省连通的短上衣

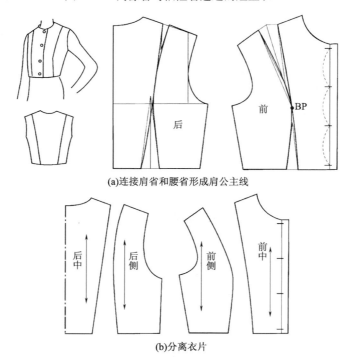

(a)连接肩省和腰省形成肩公主线

(b)分离衣片

图 1-27　肩省与腰省连通的短上衣

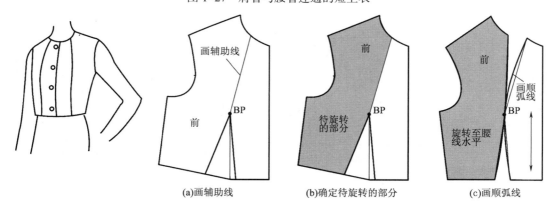

(a)画辅助线　　　　(b)确定待旋转的部分　　　　(c)画顺弧线

图 1-28　领口省与腰省连通的短上衣

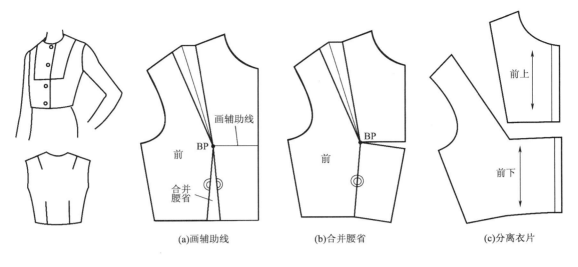

图 1-29　肩省与门襟省连通的短上衣

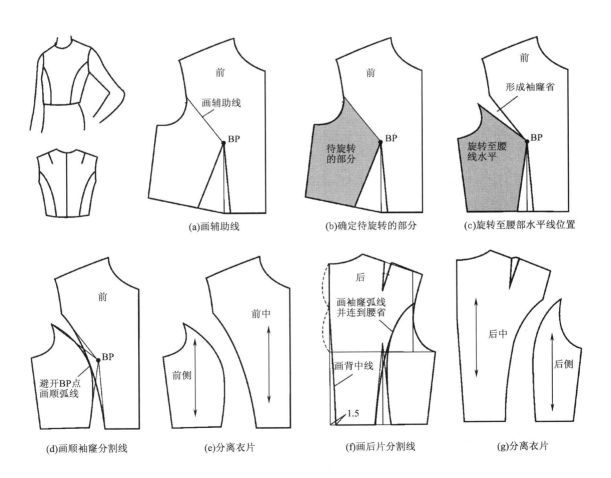

图 1-30　袖窿省与腰省连通的短上衣

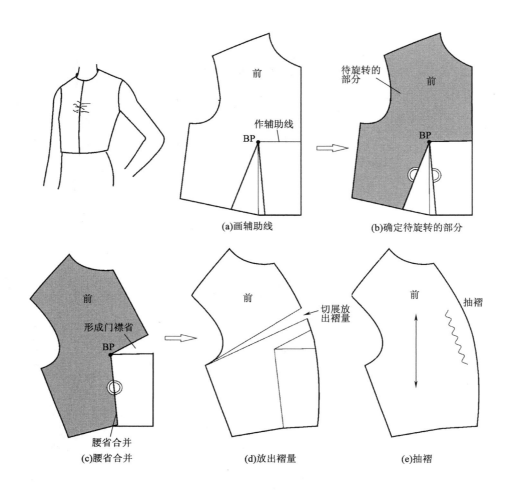

图 1-31 门襟部分抽褶短上衣

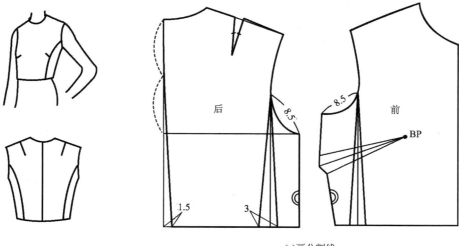

(a)画分割线

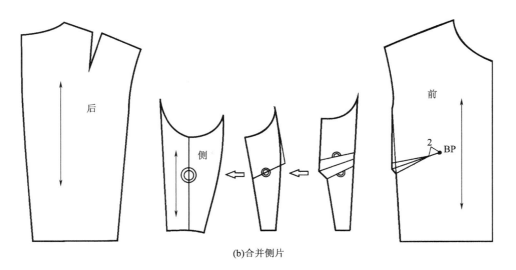

(b)合并侧片

图 1-32　省道与分割线相结合的短上衣

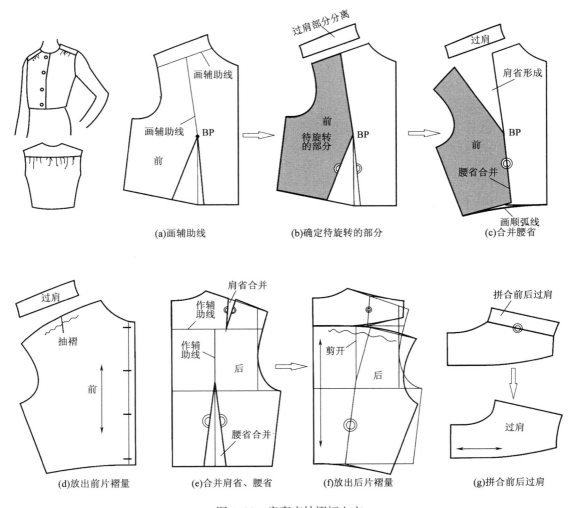

(a)画辅助线　　　　(b)确定待旋转的部分　　　　(c)合并腰省

(d)放出前片褶量　　　(e)合并肩省、腰省　　　(f)放出后片褶量　　　(g)拼合前后过肩

图 1-33　肩育克抽褶短上衣

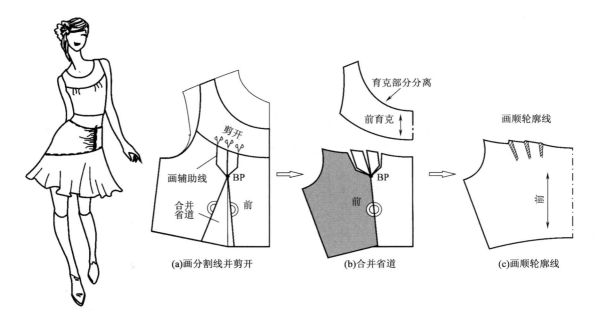

图 1-34　育克抽褶短上衣

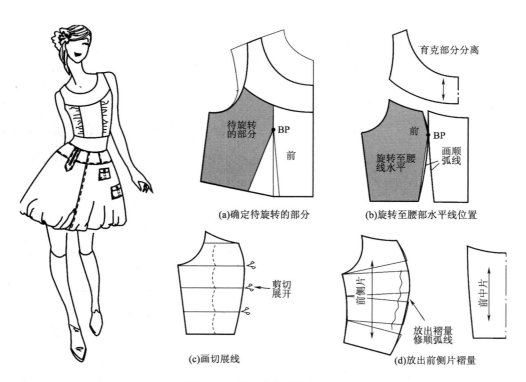

图 1-35　纵向分割抽褶短上衣

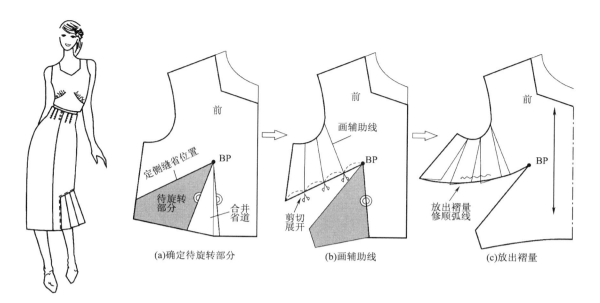

图 1-36 省道与抽褶相结合短上衣

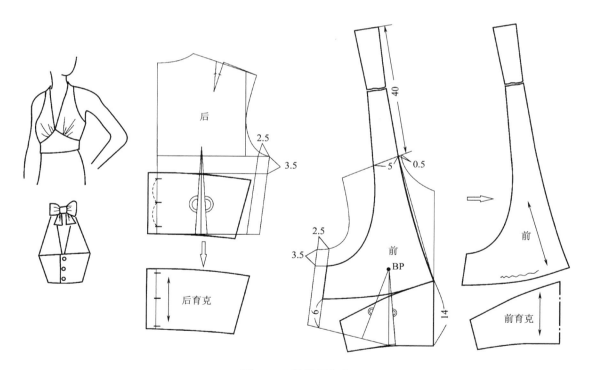

图 1-37 吊带短上衣

4. 腰育克衣身结构制图

腰育克衣身结构制图如图 1-38 ~ 图 1-40 所示。

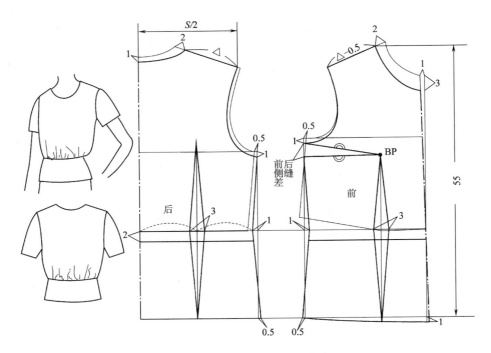

图 1-38　腰育克衣身结构设计

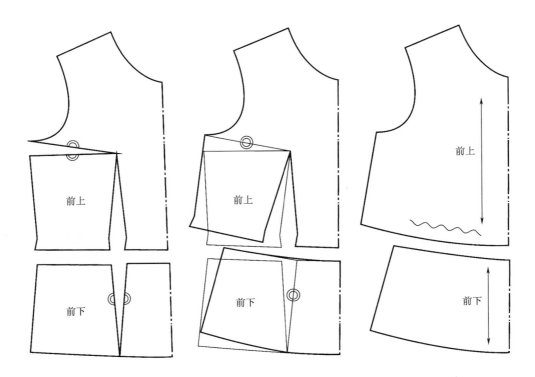

图 1-39　前片省道转移变化图

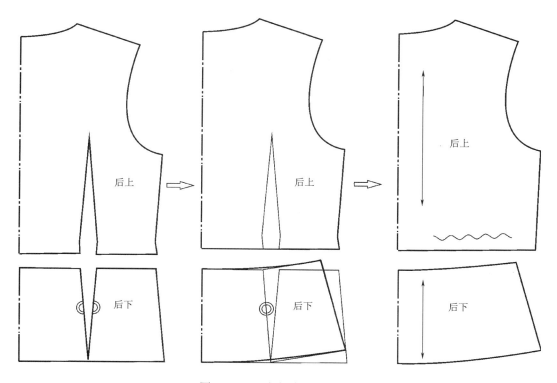

图 1-40　后片省道转移变化图

五、实训常见问题分析

在实训过程中，经常出现一些问题，比如不能正确审视款式图，导致结构制图时，不能正确地进行省道转移，从而使得服装板型不合理。

图 1-42 与图 1-44 均为图 1-41 所示服装的结构制图，两者比较可以看出，图 1-42 腰

图 1-41　有公主线和肩省的短上衣

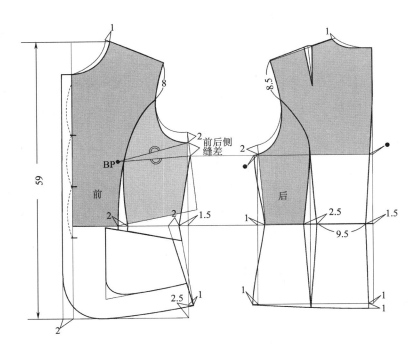

图 1-42　有公主线和肩省的短上衣结构设计一

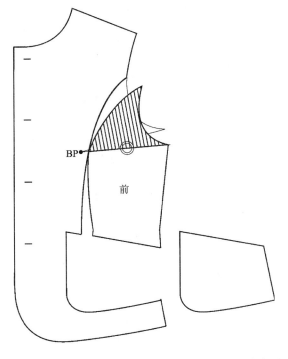

图 1-43　结构设计一对应的省道转移及衣片分离图

节线以下至下摆，结构不正确，图 1-44 腰节线以下省道绘制正确，并将省道进行了合理转移。图 1-46（a）所示立体展示图对应的结构制图为图 1-44，图 1-46（b）所示立体展示图对应的结构制图为图 1-42。从服装立体展示可以看出，图 1-46（b）所示服装门襟出现豁开现象，且腰节以下部位不服帖。

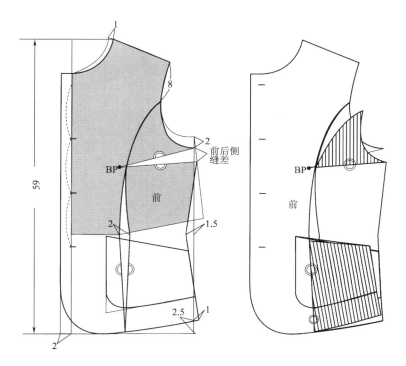

图 1-44　有公主线和肩省的短上衣结构设计二

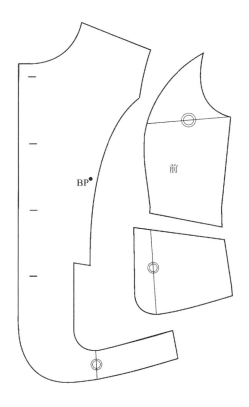

图 1-45　结构设计二对应的省道转移及衣片分离图

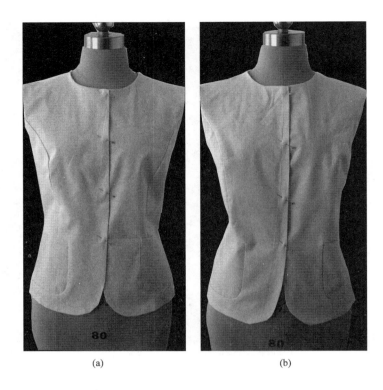

(a)   (b)

图 1-46   有公主线和肩省的短上衣立体展示

图 1-48 与图 1-49 均为图 1-47 所示服装的结构制图，两者比较可以看出，图 1-49、图 1-50 结构制图正确，板型合理。

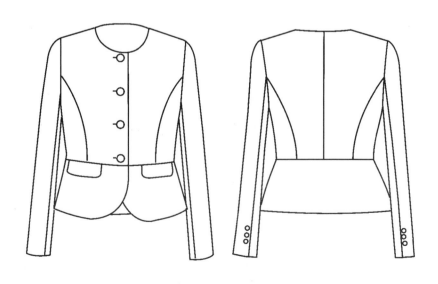

图 1-47   腰育克短上衣

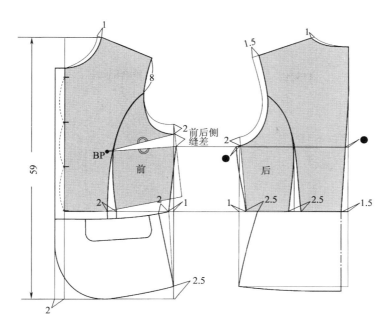

图 1-48　腰育克短上衣结构设计一

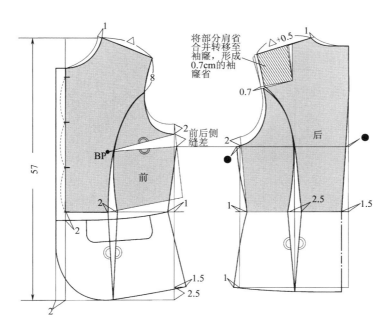

图 1-49　腰育克短上衣结构设计二

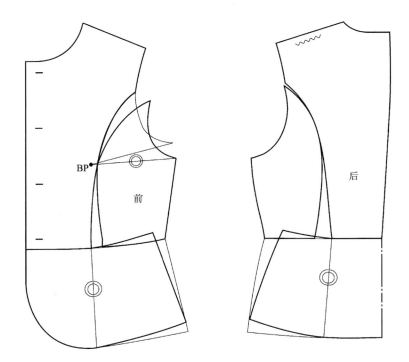

图 1-50　结构设计二对应的省道转移及衣片分离图

实训三 衣领结构设计

一、学习目标

（1）会运用原型进行衣领结构设计及制作。

（2）在学习过程中培养自学能力。

（3）在学习过程中培养沟通能力及团队合作精神。

二、实训工具和设备

（1）GC 系列平缝机。

（2）面料若干。

（3）牛皮纸、直尺、6 字曲线尺、铅笔、剪刀、梭芯、梭壳、缝纫线。

三、实训任务

（1）利用本文中提供的图文边学边练如图 1–54 ~ 图 1–72 所示的衣领结构设计。

（2）通过查阅参考资料，小组合作完成如图 1–51 所示的衣领制图、衣领立体展示及调板作业。要求：

①完成 1:5 衣领结构制图。

②完成 1:1 衣领样板制作、衣领立体展示及调板。

③做好实训过程记录、实训总结，填写实训报告单并准备汇报交流。

图 1–51　实训作业图示

四、实训过程

1.认识衣领结构种类

衣领分为立领、平领、翻驳领、翻折关门领、帽领、组合领及垂褶领等,如图 1-52 所示。

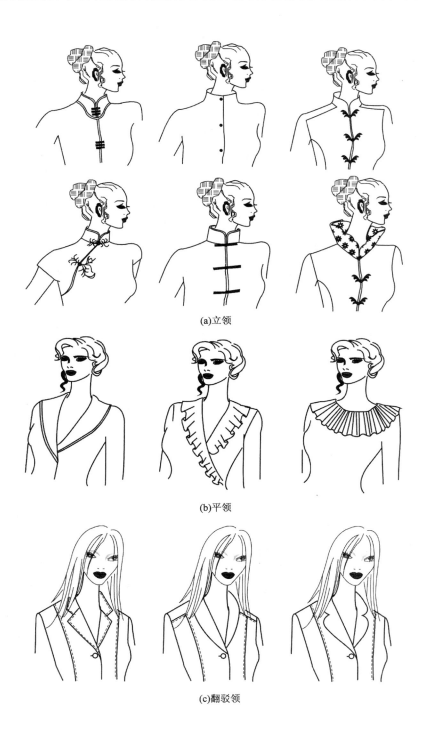

(a)立领

(b)平领

(c)翻驳领

(d)翻折关门领

(e)帽领

(f)组合领

(g)垂褶领

图 1-52 衣领结构分类

2.认识衣领结构名称

衣领结构名称如图 1-53 所示。

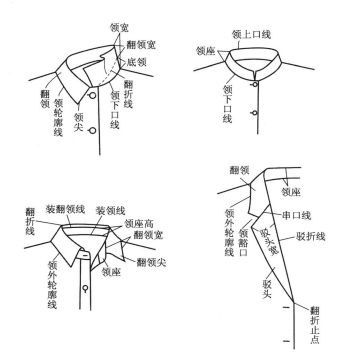

图 1-53　衣领结构名称

3. 衣领结构制图

衣领结构制图如图 1-54 ~ 图 1-72 所示。

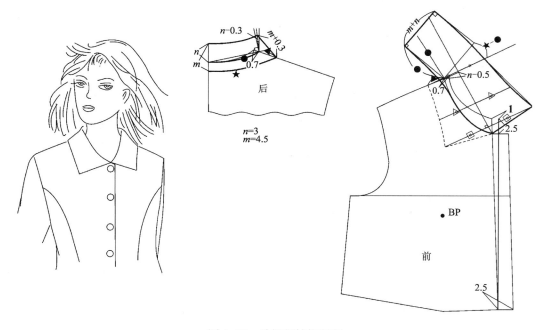

图 1-54　关门领结构制图

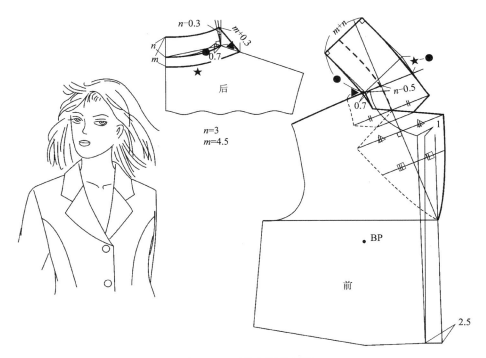

图 1-55　西装领结构制图

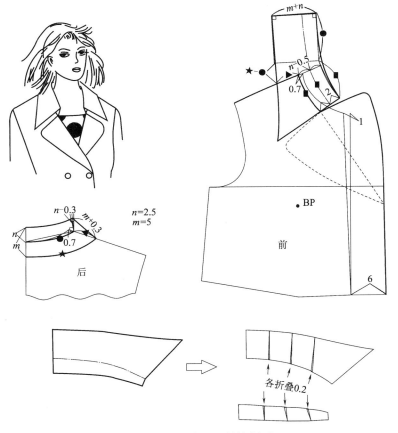

图 1-56　组合领一结构制图

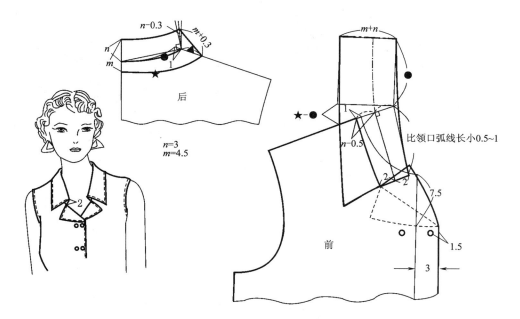

图 1-57　组合领二结构制图

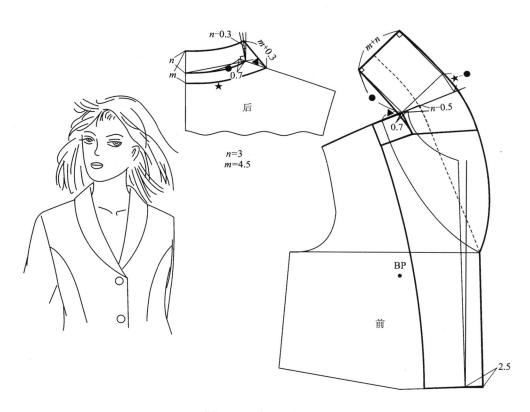

图 1-58　青果领结构制图

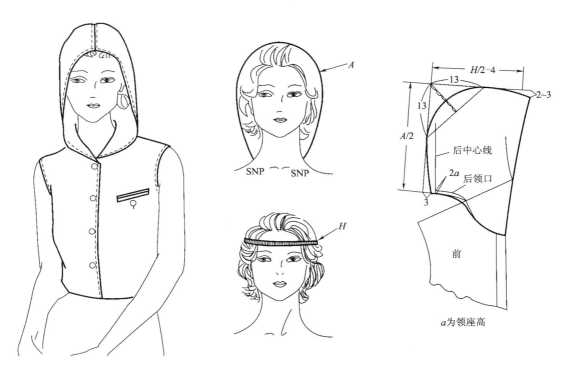

图 1-59　帽领结构制图

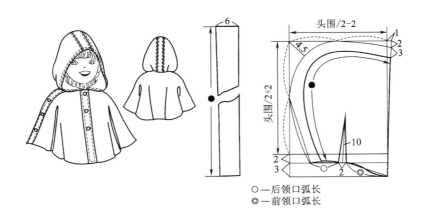

○—后领口弧长
◎—前领口弧长

图 1-60　合体帽结构制图

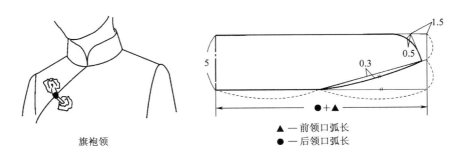

旗袍领

▲—前领口弧长
●—后领口弧长

图 1-61　旗袍领结构制图

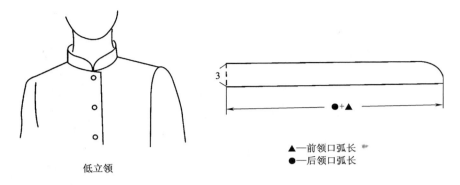

图 1-62　低立领结构制图

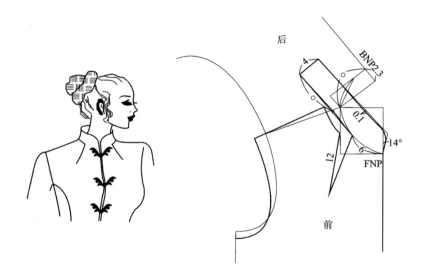

图 1-63　原身出立领结构制图

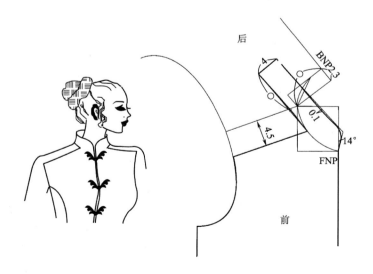

图 1-64　连袖立领结构制图

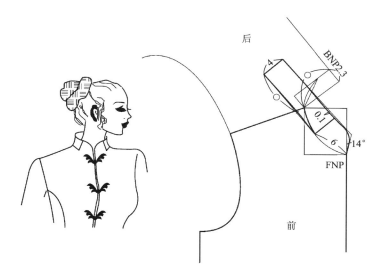

图1-65　分割立领结构制图

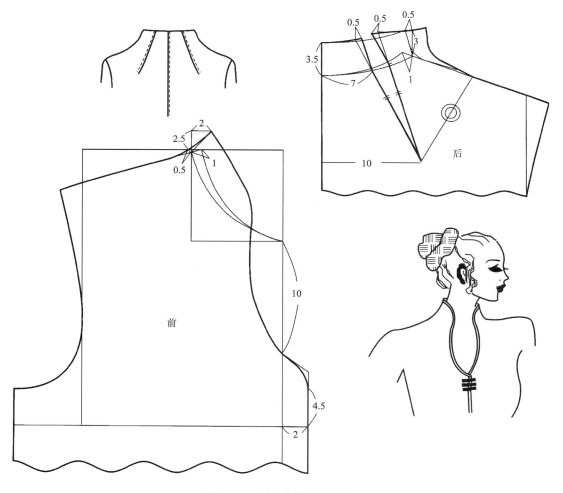

图1-66　原身出领结构制图

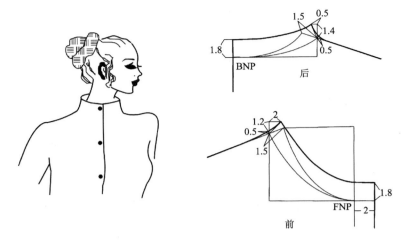

图 1-67　连立领结构制图

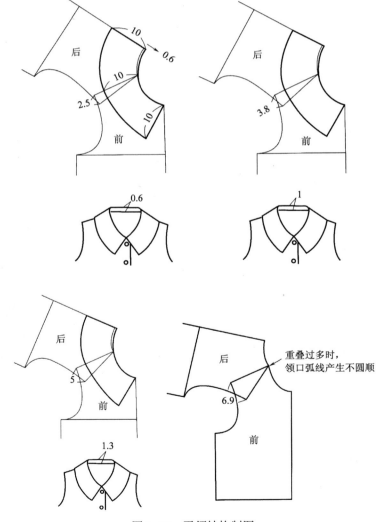

图 1-68　平领结构制图

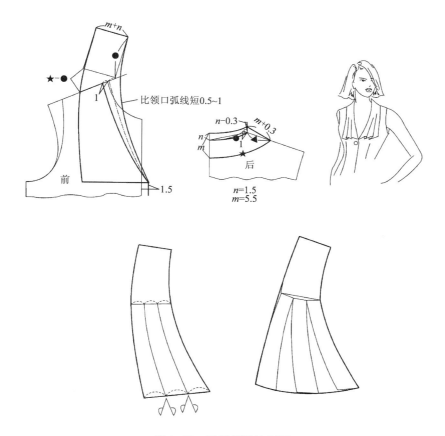

图 1-69 垂褶领结构制图

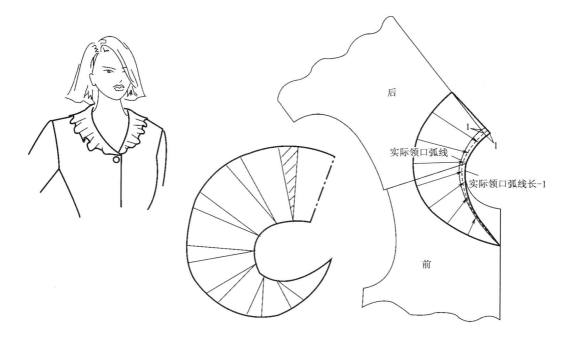

图 1-70 波浪领结构制图

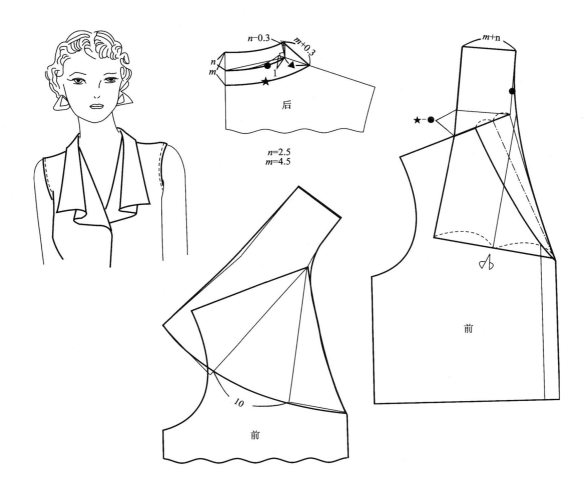

$n=2.5$
$m=4.5$

图 1-71　垂褶领结构制图

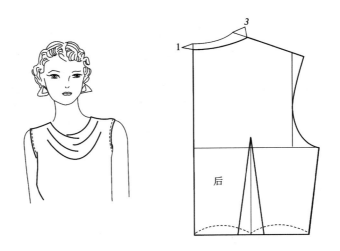

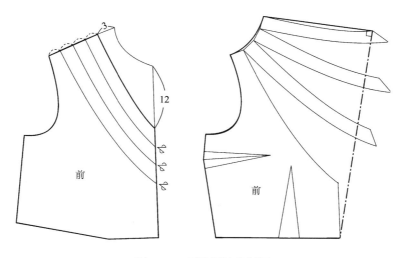

图 1-72　环浪领结构制图

五、实训常见问题分析

在实训作业中，普遍存在以下问题：没有正确审视效果图，对衣领与颈部之间的关系、衣领与衣身领口之间的关系把握不准。如图 1-73、图 1-74 所示的立领结构制图中，错误地认为该衣领为常规立领与衣身部分领口的拼接，实践一下就会知道，衣身部分领口的弧度与立领下口线的弧度是不一致的，无法拼接。

在立领实训作业中，经常发现衣领上口线松度不够，造成衣领贴紧颈部并出现一些褶皱，如图 1-77（a）所示。主要原因是领下口线倒伏起始点选择不正确，导致衣领上口线偏短，产生不合体现象，如图 1-75 所示。如图 1-76 所示，如果将衣领下口线倒伏起始点选择为 A 点后，立领上口线的松度得到改善，褶皱现象立即消失，如图 1-77（b）所示。

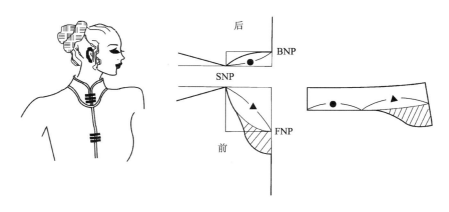

图 1-73　立领实训作业一

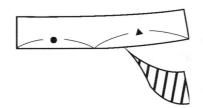

图 1-74 立领结构制图

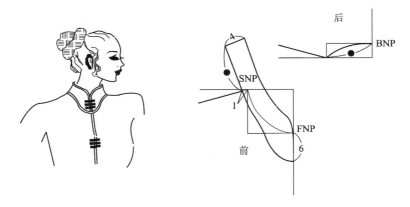

图 1-75 立领实训作业二

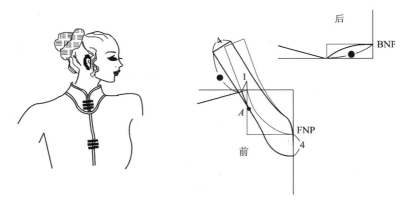

图 1-76 立领实训作业三

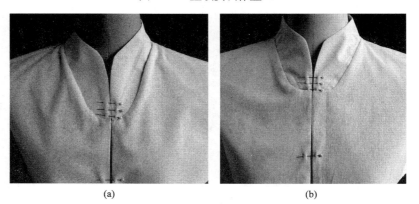

(a)　　　　　　　　　(b)

图 1-77 立领实训作业立体展示

在凤仙领实训作业中，普遍存在领上口线松度不够的问题，如图 1-78 为凤仙领的制图方法之一，其立体展示效果如图 1-80（a）所示。从立体展示效果上看，领上口线明显存在松度不够的问题，达不到凤仙领的效果。如果将翻领上口线通过切展的方法加大其长度，如图 1-79 所示，同时将领口开宽 1.5cm，其立裁展示如图 1-80（b）所示，效果立即得到改善。

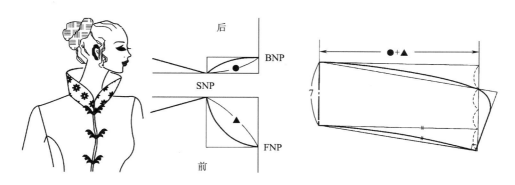

图 1-78 凤仙领实训作业一

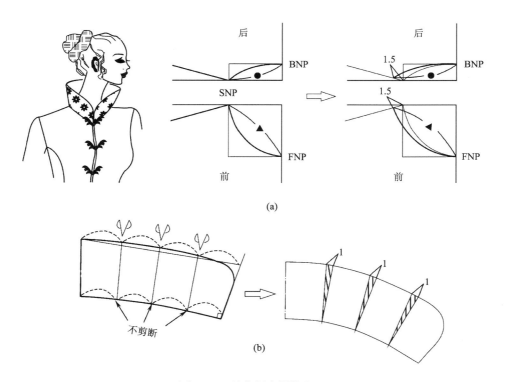

（a）

（b）

图 1-79 凤仙领实训作业二

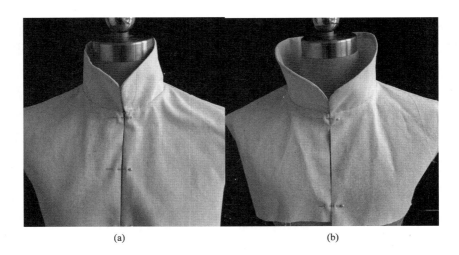

(a)　　　　　　　　　　　　　(b)

图 1-80　凤仙领实训作业立体展示

实训四　衣袖结构设计

一、实训目的

（1）会运用原型进行衣袖结构设计及制作。

（2）在学习过程中培养自学能力。

（3）在学习过程中培养沟通能力及团队合作精神。

二、实训工具和设备

（1）GC 系列平缝机、人台、制板桌。

（2）缝纫线、手缝针、大头针、白坯布。

（3）牛皮纸、直尺、6 字曲线尺、铅笔、锥子、剪刀、梭芯、梭壳。

三、实训任务

（1）边学边练如图 1-88 ~ 图 1-110 所示的衣袖结构设计。

（2）小组合作，完成如图 1-81 所示的衣袖制图及成衣作业。要求：

①完成 1:5 衣袖结构制图。

②完成 1:1 衣袖样板制作及衣袖缝制作业。

③做好实训过程记录、实训总结，填写实训报告单并准备汇报交流。

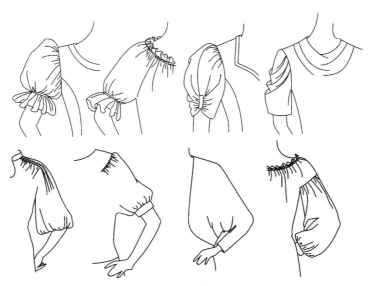

图 1-81　实训作业图示

四、实训过程

（一）衣袖分类

1. 按长度分类

衣袖按长度分主要有无袖、短袖、中袖和长袖，如图 1-82 所示。

无袖是指只有袖窿而无袖体的袖型，主要应用于夏季日常家居装、春秋背心、礼服等；短袖是指袖长在肘部以上的袖型；中袖是指袖长在肘部至手腕间的袖型；长袖是指袖长至手腕的袖型。

2. 按结构分类

衣袖按结构分类，主要有装袖、插肩袖和连袖之分，插肩袖亦被看成是连袖中的一种。

装袖，泛指由衣袖与袖窿拼装而成的袖型，如图 1-83 所示。袖式有一片袖、两片袖、三片袖等，大身肩式有宽肩、窄肩和落肩。

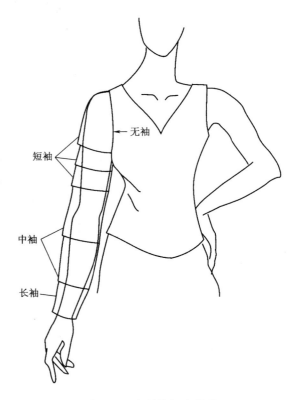

图 1-82　衣袖按长度分类

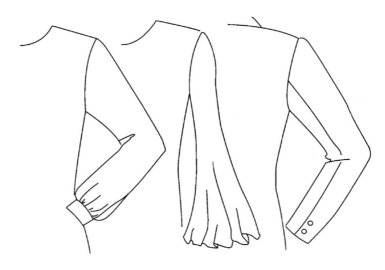

图 1-83　装袖

插肩袖是将肩部与衣身分割后，再与袖体组合在一起的袖型，如图 1-84 所示。

连袖是衣身与衣袖相连的袖型，如原身出袖的中式连袖和蝙蝠袖，如图 1-85 所示。

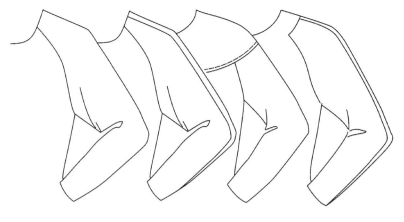

图 1-84　插肩袖

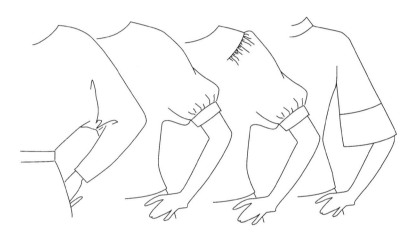

图 1-85　连身袖

3. 按款式分类

衣袖的款式变化繁多，丰富多彩，主要有灯笼袖、喇叭袖、花瓣袖、西装袖、褶裥袖、教主袖、羊腿袖、露肩袖等，图 1-86 显示了部分袖型。

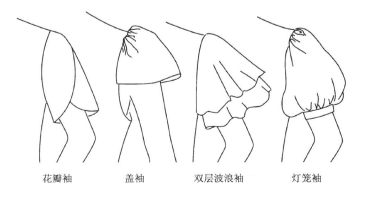

花瓣袖　　　盖袖　　　双层波浪袖　　　灯笼袖

图 1-86

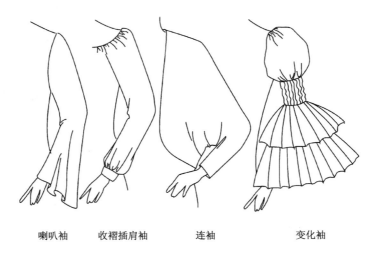

喇叭袖　　收褶插肩袖　　连袖　　　　变化袖

图 1-86　衣袖按款式分类

（二）衣袖结构制图

1. 圆装袖结构制图

（1）圆装袖分类。圆装袖分为泡泡袖、花瓣袖、喇叭袖、灯笼袖、羊腿袖、合体袖等。

（2）圆装袖结构制图。

圆装袖结构制图如图 1-87 ～图 1-101 所示。

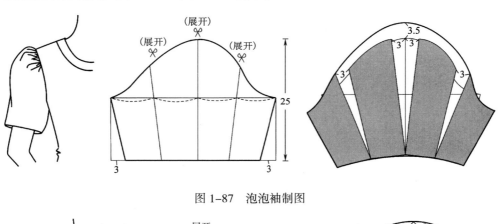

图 1-87　泡泡袖制图

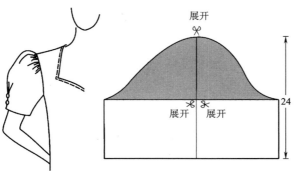

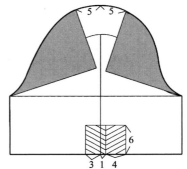

图 1-88　收袖口泡泡袖制图

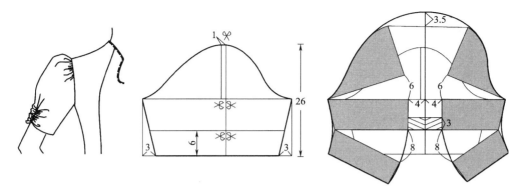

图 1-89　袖口抽褶泡泡袖制图

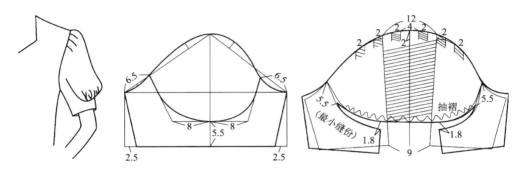

图 1-90　袖口分割式泡泡袖制图

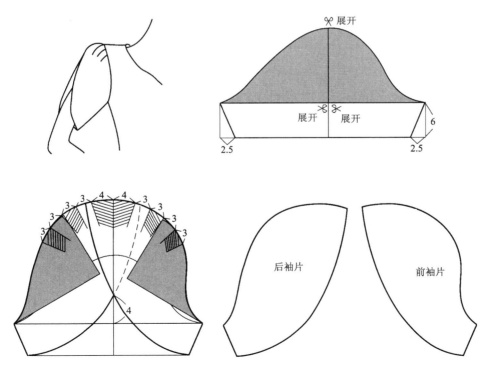

图 1-91　花瓣袖制图

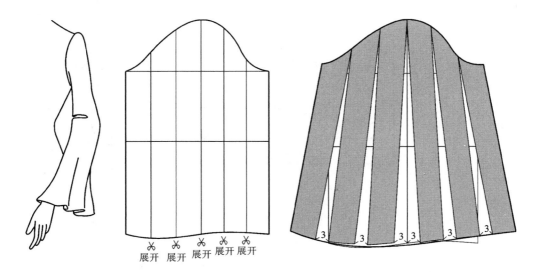

图 1-92　喇叭袖制图

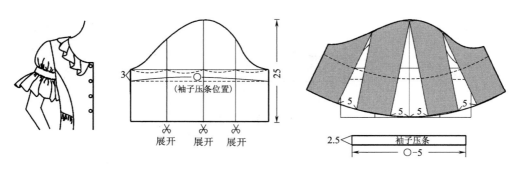

图 1-93　袖中压条喇叭袖制图

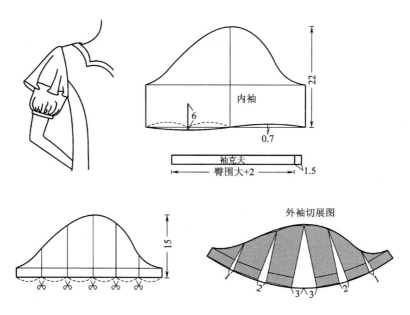

图 1-94　双层短袖制图

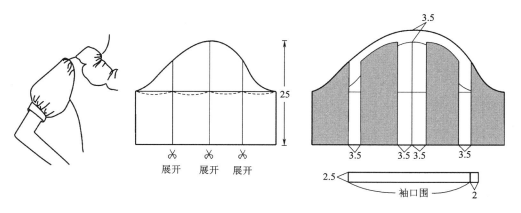

图 1-95　灯笼袖制图

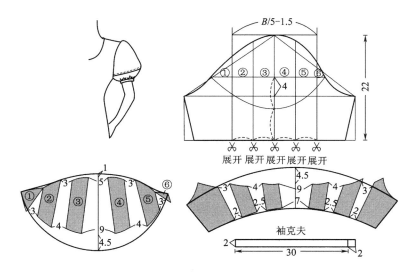

图 1-96　分割灯笼袖制图

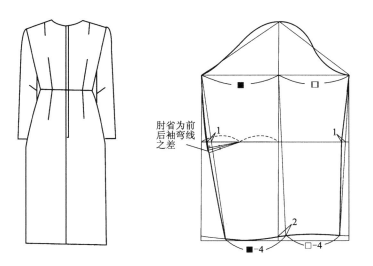

图 1-97　带袖肘省的一片合体袖制图

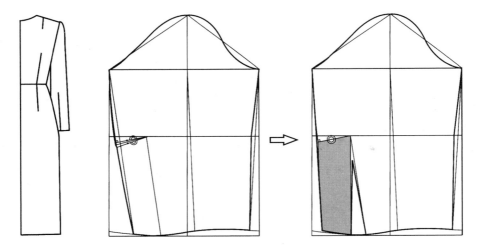

图 1-98　带袖口省一片合体袖制图

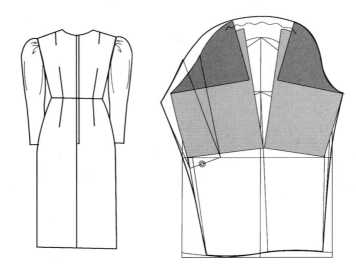

图 1-99　羊腿袖制图

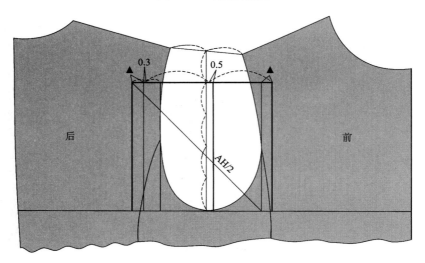

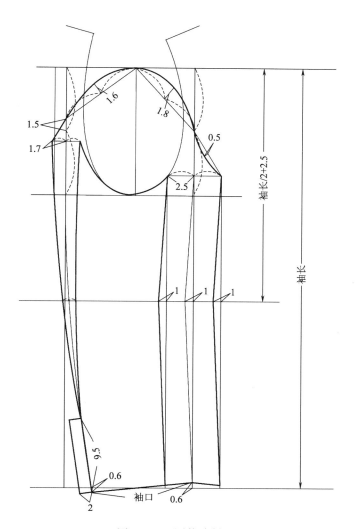

图 1-100　圆装袖制图

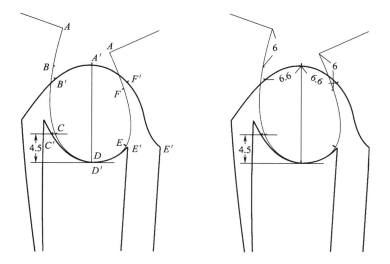

图 1-101　圆装袖对位

2. 插肩袖结构制图

（1）插肩袖分类。插肩袖分为直身型插肩袖、半插肩袖、落肩抽褶袖、覆肩型插肩袖等，如图 1-102 所示。直身袖的袖中线形状为直线，前后袖可合并成一片袖，或者在袖山上设计省的一片袖结构。弯身袖的前后袖中线都为弧线状，前袖中线一般前偏量 ≤ 3cm，后中线偏量为前中线偏量减 1cm。

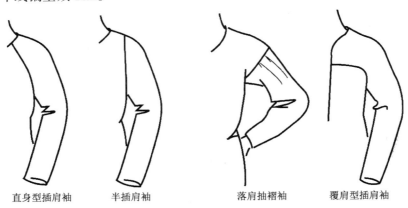

直身型插肩袖   半插肩袖   落肩抽褶袖   覆肩型插肩袖

图 1-102   插肩袖种类

（2）插肩袖制图。

① 宽松型连袖：$\alpha = 0° \sim 20°$，α 为袖中线与水平线的夹角；袖山高为（0~9）cm+x（$x \leqslant 2$cm）。此类袖下垂后袖身有大量褶皱，呈宽松型。

② 较宽松型连袖：$\alpha = 21° \sim 30°$；袖山高为（9~13）cm+x（$x \leqslant 2$cm）。此类袖下垂后袖身有较多褶皱，呈较宽松型。

③ 较贴体型连袖：$\alpha = 31° \sim 45°$；袖山高为（13~16）cm+x（$x \leqslant 2$cm）。此类袖下垂后袖身有少量褶皱，呈较贴体型。

④ 贴体型连袖：$\alpha = 46° \sim 65°$；袖山高为（17~19）cm+x（$x \leqslant 2$cm）。此类袖下垂后袖身有微量褶皱，呈贴体型。

插肩袖制图如图 1-103 ~ 图 1-107 所示。

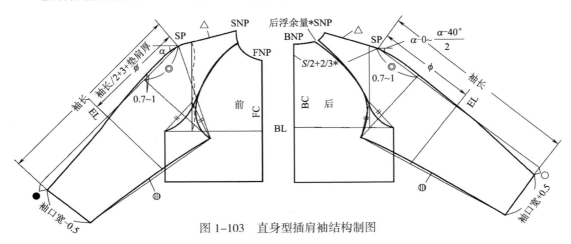

图 1-103   直身型插肩袖结构制图

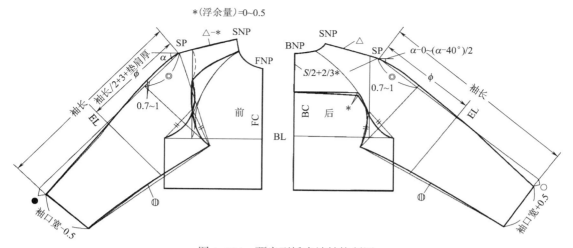

图 1-104　覆肩型插肩袖结构制图

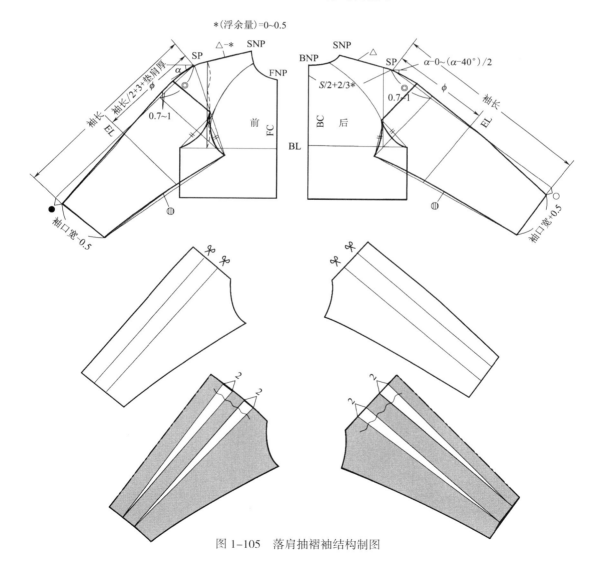

图 1-105　落肩抽褶袖结构制图

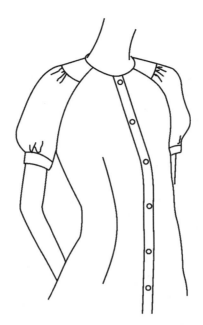

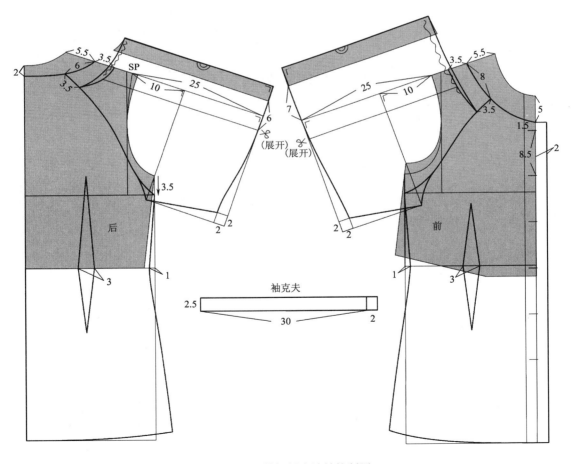

图 1-106　抽褶插肩袖结构制图

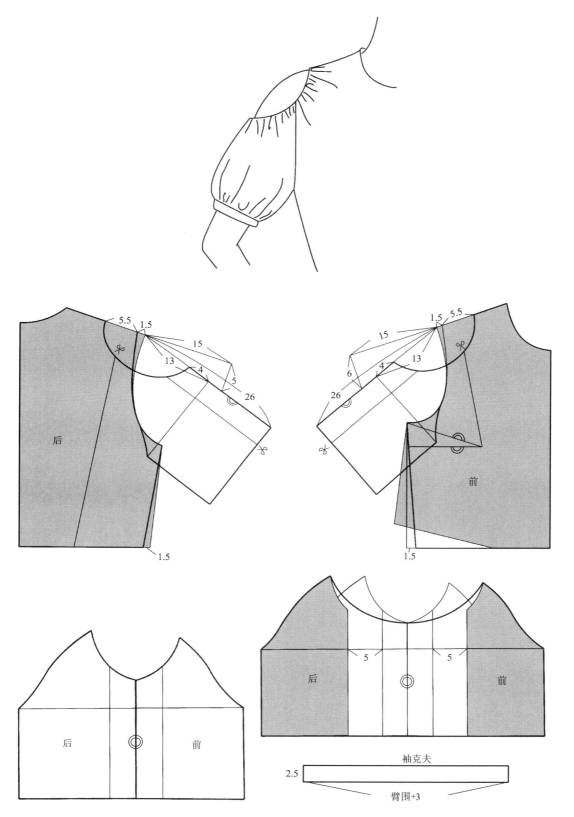

图 1-107 露肩袖结构制图

五、实训常见问题分析

在实训过程中，经常遇到这样的问题，衣袖绱好后，从后身观察，腋下有一定堆积量，且吃量略多，如图 1-108 所示。后身腋下有一定的堆积量，说明此处的余量偏大，主要是样板结构的问题，可以将衣袖样板与衣身袖窿进行匹配检查，修改衣袖样板，使袖底弧线与衣身袖窿底部弧线吻合，这样腋下就不会产生堆积。

后袖的吃量略显多，主要是由于吃量不均造成的。一般情况下，袖山弧线与袖窿弧线的关系如图 1-109 所示。

图 1-108

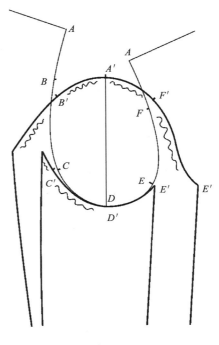

图 1-109

$A'B'=AB+0.7\sim0.8$cm；$B'C'=BC+0.8$cm；$C'D'=CD+0.2\sim0.3$cm；$E'F'=EF+0.4\sim0.5$cm；$F'A'=FA+0.6\sim0.7$cm。

另外，吃量大小与面料厚薄、面料结构松紧有关。面料越厚，结构越松，吃量偏多，面料越薄，结构越紧，吃量偏少。

在实训过程中，经常遇到装袖对位不正确，导致衣袖成形后，或偏前或偏后，如图 1-110 所示。

衣袖偏后产生的原因：绱袖时对位不正确，袖山顶点前偏，导致衣袖绱好后向后甩。解决方法：绱袖时袖山顶点略后移即可。衣袖偏前产生的原因：绱袖时对位不正确，袖山顶点后移，导致衣袖绱好后往前偏。解决方法：绱袖时袖山顶点略前移即可。

　　为了能正确绱袖，保证装袖后的质量，绱袖时可采用 6 点定位法。具体定位如图 1–111 所示，在衣身袖窿上确定 A、B、C、D、E、F 六个点，根据正确的吃势分布，在衣袖上也相应确定 A'、B'、C'、D'、E'、F' 六个点，绱袖时将衣身上六个点与衣袖上六个点一一对应即可。

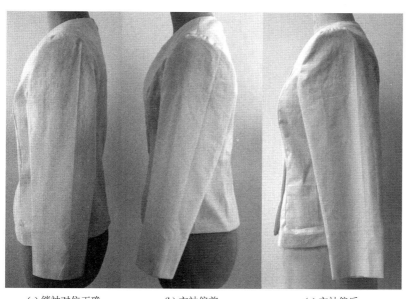

(a) 绱袖对位正确　　　　　(b) 衣袖偏前　　　　　(c) 衣袖偏后

图 1–110

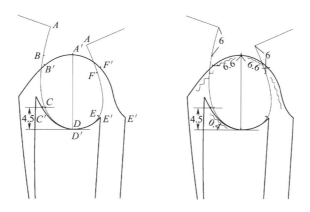

图 1–111　六点定位绱袖

第二章 来单制板实训

课题名称：来单制板实训。

课题内容：在教师指导下完成服装工艺单分析、服装款式图分析、服装结构及工艺分析、服装制板、样衣试制及样板修改等工作。

课题时间：20学时。

教学目的：1.会分析服装生产工艺单，会根据服装款式图及工艺要求分析服装的结构特点和工艺特点。

2.根据分析结果，会运用专业打板工具打出样板。

3.缝制试样，能检查及修改样板。

教学方式：采用讲授、演示、小组合作、教师指导等多种方式。

教学要求：1.教学场地须为打板与缝制为一体的一体化教室，且配备多媒体教学设备及制板桌、缝纫机、人台、熨斗、工作台等。

2.由学生自备直尺、三角尺、服装专用曲线尺、梭芯、梭壳、缝纫线、铅笔及笔记本等。

课前准备：1.学生须准备服装面料、辅料、衬料及打板纸。

2.教师须准备服装生产工艺单、工作任务单、有关学习材料、报告单、评价表及教学课件等。

实训任务：根据教师下达的服装生产工艺单，完成如下内容：

1.分析服装生产工艺单，分析服装结构及服装工艺特点。

2.设计样板尺寸。

3.选择中间体号型（160/84A）作为成衣的中号（M）规格，打制样板并试制样衣。

4.修改样板。

5.做好工作过程记录，填写报告单，并准备PPT汇报交流。

实训五　企领泡泡短袖女衬衫制板

　　根据客户提供的工艺单（表2-1），对工艺单进行一系列的分析，制作出能够指导大货生产的工业样板。

一、技术资料分析

1.服装款式图分析

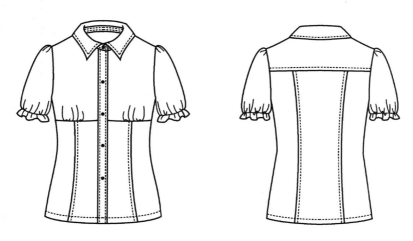

图2-1　企领泡泡短袖女衬衫款式图

　　此款为泡泡短袖女衬衫，男式企领，款型较合体，收腰。前衣身设有横向分割线，分为上下两截，上部抽褶，下部设纵向分割线。前衣身为明门襟结构，钉纽扣5粒。后片设有横向分割线，育克下面设有纵向分割线。一片袖，袖山抽褶，袖口装松紧带，抽细褶。

2.服装工艺分析

　　根据服装工艺单要求，衣身的缝合方法为内包缝，前片纵向分割线处、后片横向及纵向分割线处、肩缝处及翻领外围均需压0.5cm明线；门襟止口、底领上止口压0.2cm明线；前衣身横向分割线抽褶宽约5cm；袖山抽褶，袖口用细松紧带抽细褶。其他工艺方法遵照客户提供的工艺单中的工艺要求。

3.样板尺寸制订

　　为了保证最终成衣规格在规定的服装公差范围内，样板规格就必须在成衣规格的基础上加放一定的量。实际生产中先计算样板规格（制图规格），再进行制图。一般要求是：

表2-1 企领泡泡短袖女衬衫工艺单

款号：FS100422A　　客户：×××公司　　款式名称：企领泡泡短袖女衬衫（春装）　　款式图（含正视、背视图）　　单位：cm

部位\规格	S	M	L	档差	公差
后中长（A）	54	56	58	2	±1
胸围（B）	88	92	96	4	±1
腰围（C）	74	78	82	4	±1
摆围（D）	92	96	100	4	±1
领围	34	35	36	1	±0.8
肩宽（F）	36.8	38	39.2	1.2	±0.5
袖长（G）	20.5	21	21.5	0.5	±0.5
袖口围（松量）（H）	22	22	22	0	±0.5
袖口围（拉伸量）	32	32	32	0	±0.5

用料要求

面料：100%涤纶

衬料：黏合衬型号：AP88　颜色：白色
部位：翻领面、底领面、门襟，黏合条件（仅供参考）：温度：160℃，压力：3kg，时间：15s
备注：需经工厂调试无误后，方可批量生产；粘衬时特别注意面料发黄

辅料：
大身线：配色涤丝线
拷边线：配色涤丝线
锁眼线：配色
钉扣线：配色
钉备用扣：用大身线

锁钉要求

锁眼：扣眼大1.2cm，锁眼不允许出现毛头或锯齿状，扣眼横锁，出中心线0.3cm，底领、扣眼竖锁，针码为15针/cm
门襟：门襟扣眼上，第一个位于前中心线6cm，其余等分距领口线6cm
钉扣：领座1粒，里襟4粒
组扣钉法：X形钉，反面留1cm的线头
备用扣钉法：钉在里襟反面，距底边5cm

裁剪、缝制要求

生产数量

数量\规格	S	M	L
计划数	450	500	520
备次数	460	510	530
实际裁剪数	465	515	535

1. 松布24小时后方可开裁，排料须避开色差
2. 认真检验进厂的面料，不符合要求的绝不可开裁
3. 根据生产通知单下达的数据、颜色、按色卡提取面料，准确开裁，裁剪时要分色分差
4. 排料丝缕要顺直，不可纬斜，不可纬走形
5. 100%验片，下刀后的衣片不能走形，刀眼准确，需编号进行生产
6. 不拷边，采用内包缝制

样板规格 = 成衣规格 + 成衣规格 /（1- 缩率），其中缩率包含面料缩率、做缩率、外观工艺处理缩率等，具体缩率视原料及工艺要求而定。

（1）做缩率：在实际生产过程中缝迹收缩程度。

（2）烫缩率：在实际生产过程中熨烫及后整理整烫收缩的程度。

（3）外观工艺处理缩率：水洗、石磨、砂洗、漂洗等成衣外观的工艺处理收缩的程度。

在实际应用中，常规面料缩率一般为：衣长 1 ~ 1.5cm，胸围 1 ~ 2cm，肩宽 0.3 ~ 0.5cm，袖长 0.5 ~ 1cm。常规生产方式，缩率取原量的 1%。

该款服装为常规生产方式，衣长、胸围、袖长、袖口均设定 1cm 的缩率，肩宽设定 0.5cm 的缩率，领围设定 0.5cm 的缩率，那么实际制板衣长 57cm、胸围 93cm、领围 35.5cm、肩宽 38.5cm、袖长 22cm、袖口 33cm。由于腰围部位在工艺制作中一般都容易偏大，通常制板的规格要在成衣规格的基础上减去 1cm 左右，如果面料的结构较松，则减去的量要适当增加；面料质地较紧密，则可以略减。此款面料为涤纶面料，质地紧密，缩率不大，因此腰围在成品规格的基础上减去 0.8cm，实际制板规格为 77.2cm。160/84A 双排扣女外套的样板规格见表 2-2。

表 2-2 企领泡泡短袖女衬衫样板规格表

单位：cm

规格 部位 号型	衣长（L）	胸围（B）	腰围（W）	领围（N）	肩宽（S）	袖长（SL）	袖口围
160/84A	57	93	77.2	35.5	38.5	22	33

二、结构制图

选择国家号型标准中的中间体 160/84A（M 号）作为成衣的中号规格，根据表 2-2 的样板规格进行制图。制图时采用净胸围为 82cm 的原型。

（1）由于原型已加 10cm 松量，该款服装 M 号胸围的样板规格为 93cm，只需再增加 1cm 松量，前片增加 0.5cm 即可。

（2）原型后背长为 38cm，该款服装后中量取衣长尺寸为 56cm，样板规格为 57cm，因此从背长处加长 19cm。

（3）考虑衣袖造型，不改变原型袖窿深尺寸。一般来说，前后袖窿弧线接近 U 形，袖窿偏宽圆形，适合合体的袖子；前后袖窿弧接近 V 形，袖窿偏细长形，适合宽松的袖子。

（4）将原型按腰节线处放置水平，以后片袖窿深作为袖窿深线，前片袖窿深线比后片袖窿深线高出部分设置为省量，分割线位置应根据款式图设置，并进行省道合并，合并省道后画顺弧线。

（5）前片经过省道合并后，应根据面料性能，再适量地加减褶量，轻薄面料酌情减量，厚重面料酌情加量。该款服装在变化后的基础上前片分割线处横向再往外多加 2cm。

（6）由于后片为无肩省造型，后肩线比前肩线长 0.5cm 作为后肩线的吃势，以吻合肩胛骨的突起。

（7）为了减少袖窿堆积量以及弥补肩部无省的造型，在后片横向分割线处袖窿部位作 0.8cm 缺量。

（8）利用原型衣袖进行制图，考虑泡泡袖的造型，在原型袖的袖山高基础上加高 1cm，利用前后袖窿弧长定出袖肥。该款袖子袖山有褶，可采用剪切展开法抬高袖山，加入褶量，为了使褶量分布均匀，抽褶后袖山饱满圆顺，将褶量均衡地分配到几个点上。袖山切展后要修顺袖山弧线，并要相应地抬高袖山高，以满足泡泡袖的起翘量，该款袖山高总抬高量设为 4cm。袖口缝松紧带，为了造型美观，在袖中线处袖子加长 1cm。此外，还要调节好袖山弧线上的对位刀口与衣身袖窿弧线上的对位刀口的平衡。

（9）在衣领制图时，需要注意翻领、底领以及底领与领口的关系。

企领泡泡短袖女衬衫的制图如图 2-2 ～图 2-6 所示。

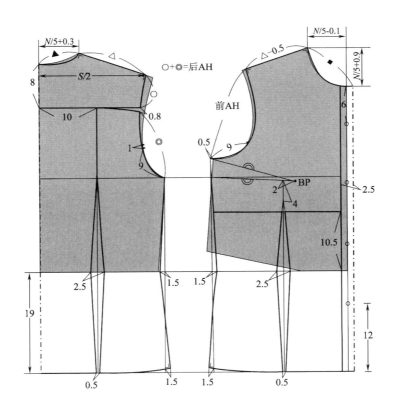

图 2-2　企领泡泡短袖女衬衫衣身结构制图

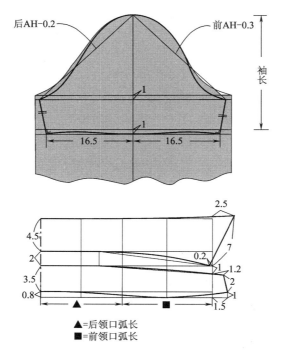

图2-3　企领泡泡短袖女衬衫衣袖、衣领结构制图

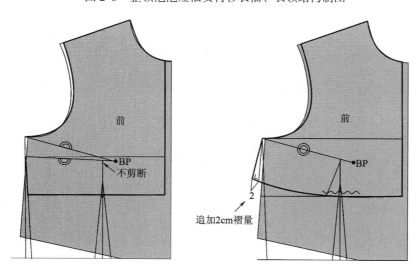

图2-4　前上片省道变化转移

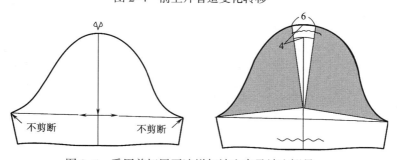

图2-5　采用剪切展开法增加袖山高及袖山褶量

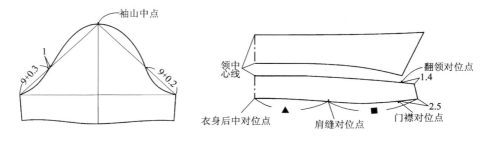

图 2-6　衣袖、衣领对位点设置

三、制作面料裁剪样板

（1）根据净样板放出毛缝，因本款采用包缝结构，因此包缝拼接的两边放量不一样，前衣片下部分割线处，前片下中放 0.7cm，前片下侧放 1.4cm，前片侧缝上下片均放 1.4cm，小肩线放 1.4cm，袖窿放 0.7cm，下摆及门襟下摆均放 2cm，其余部分（包括门襟）均放 1cm。

（2）后片上部除领口外均放 0.7cm，领口放 1cm，后片下侧分割线处放 1.4cm，袖窿及侧缝放 0.7cm，后片下中分割线处分别放 1.4cm、0.7cm；下摆均放 2cm。

（3）袖山弧线放 1.4cm，内外侧拼缝分别放 1.4cm、0.7cm；袖口放 2cm。

（4）翻领与底领四周均放 1.0cm。

上衣样板的放缝并不是一成不变的，其缝份大小可以根据面料、工艺处理方法等的不同而发生相应的变化。放缝时转角处毛缝均应保持直角。

另外，样板上还应标明款式名称、丝缕线和该款服装的成品规格或号型规格，写上裁片名称和裁片数量，并在必要的部位打剪口。如有款式编号，也应在样板上标明。

面料裁剪样板及文字标注如图 2-7 ～图 2-9 所示。

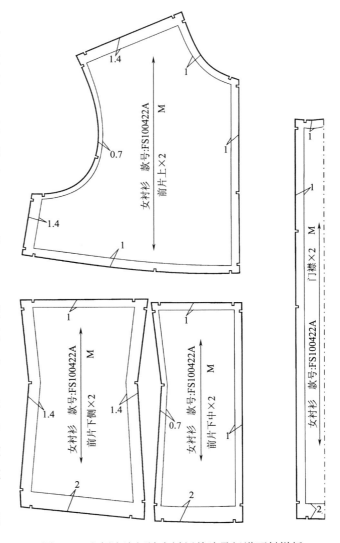

图 2-7　企领泡泡短袖女衬衫前片及门襟面料样板

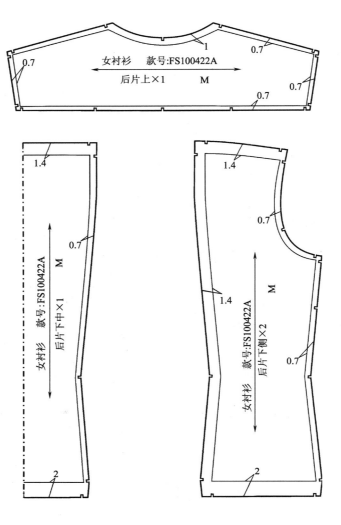

图 2-8 企领泡泡短袖女衬衫后片面料样板

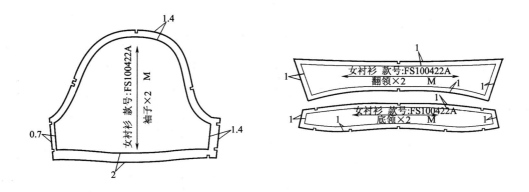

图 2-9 企领泡泡短袖女衬衫袖、领面料样板

四、制作衬料裁剪样板

衬料裁剪样板及文字标注如图2-10所示。衬料裁剪样板是在面料裁剪样板（毛板）的基础上，进行适当调整而得出。衬料的样板要比面料的毛板稍小，一般情况下每条缝分别小0.2cm左右，这样便于黏合机粘衬。

翻领面、底领粘全衬，虽然本款是男式企领，但因为是女装，不需要太高的硬挺度，因此均烫无纺黏合衬。门襟除底边缝头外均粘衬，因为底边采用卷边缝，门襟又是双层面料，为了避免厚度太大，门襟底边毛缝不粘衬。具体按工艺单粘衬要求。

衬样同面料样板、里料样板一样，要做好丝缕线及文字标注。

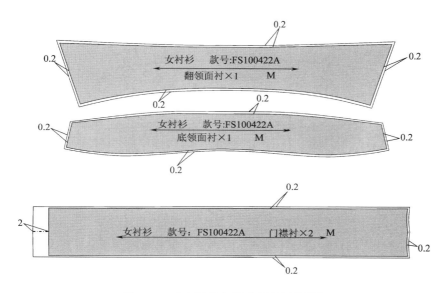

图2-10　企领泡泡短袖女衬衫衬料样板

五、制作工艺样板

工艺样板的选择和制作如图2-11所示。

（1）领扣烫板。领子在绱领前必须要缝合好，要求左右线条对称，所以压线必须要和净样一致，因此需制作净样工艺样板。由于净样板卡纸本身有厚度，因此采用比面料净样缩进0.1cm的方法。

（2）门襟扣烫板。门襟位于服装的正中心位置，造型效果特别重要，熨烫一定要顺直，因此需要制作门襟扣烫板，原理及方法与领子相同。

（3）扣眼位及纽位样板。扣眼位及纽位样板是在服装做完后用来确定扣眼和纽扣位置的，因此止口边应该是净缝，扣眼的两边锥孔，纽位的中心锥孔。纽眼大小根据纽扣直径加0.2~0.3cm。

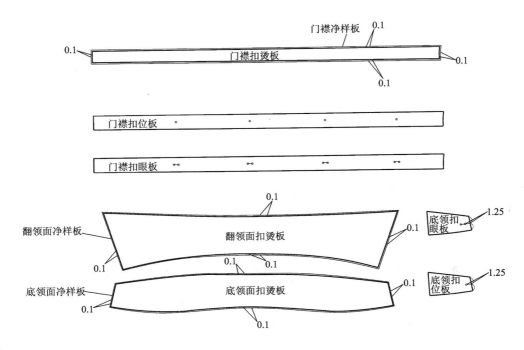

图 2-11　企领泡泡袖女衬衫工艺样板

六、样板复核

虽然样板在放缝之前已经进行了检查，但为了保证样板准确无误，整套样板完成之后，仍然需要进行复核，复核的内容包括以下几点：

（1）缝合边的校对。后片肩线要设置一定的缝缩量（约为 0.5cm），以符合体型需要；通常两条对应的缝合边的长度应该相等。另外，还要校对绱袖时衣袖的吃势、绱领时的吃势是否合理，衣领的领下口弧线和衣身的领口弧线是否吻合。

（2）样板规格的校对。样板各部位的规格必须与预先设定的规格一致，在上衣样板中主要校对衣长、胸围、腰围、肩宽、袖长、袖口等部位尺寸。

（3）根据效果图或款式图检验。首先必须检验样板的制作是否符合款式要求；然后检验样板是否完整，是否齐全。

（4）衬料样板、工艺样板的检验。检验衬料样板的制作是否正确，是否符合要求。工艺样板一般要等试制样衣之后，由客户或设计师确认样板没有问题的情况下再制作，然后确认其是否正确。

（5）样板标记符号的检验。检验样板的剪口是否做好，应有的标记符号，如裁片名称、裁剪片数、丝缕线、款式编号、规格等是否在样板中已标注完整，是否做好样板清单。

七、样板推档

客户确认样板之后，便可以投入批量生产，这时需要将所有号型的服装样板制作出来。在中号样板的基础上经过推档便可以得到大小号样板，具体推板方法见表2-3，推板图如图2-12~图2-14所示。

表2-3 口样板推档方法 单位：cm

部位名称		部位代号	档差及计算公式			
			纵档差		横档差	
前片上	前中心线	B	0.5	袖窿深档差0.7-领宽档差0.2	0.6	胸宽档差，1.5/10×胸围档差4
		C	0	由于是公共线，$C=0$	0.6	同B点
		D	0.1	（腰节档差1-袖窿深档差0.7）×1/3	0.6	同B点
	肩线	A	0.7	袖窿深档差，1/5×胸围档差4-0.1	0.4	胸宽档差0.6-领宽档差0.2
		G	0.7	袖窿深档差0.7	0	由于是靠近公共线，$G=0$
	侧缝线	F	0	由于是公共线，$F=0$	0.4	胸围档差4×1/4-胸宽档差0.6
		E	0.1	同D点	0.4	同F点
前片下中	前中心线	A	0.2	（腰节档差1-袖窿深档差0.7）×2/3	0	由于是公共线，$A=0$
		G	0	由于是公共线，$G=0$	0	由于是公共线，$G=0$
		F	1	衣长档差2-腰节档差1	0	由于是公共线，$F=0$
	破缝线	B	0.2	同A点	0.3	胸宽档差0.6×1/2
		C	0	由于是公共线，$C=0$	0.3	同B点
		D	1	同F点	0.3	同B点
		E	1	同D点	0.3	同B点
前片下侧	破缝线	A	0.2	（腰节档差1-袖窿深差0.7）×2/3	0.35	（胸围档差4×1/4-前片下中变化量0.3）×1/2
		H	0	由于是公共线，$H=0$	0.35	同A点
		G	1	衣长档差2-腰节档差1	0.35	同A点
		F	1	同G点	0.35	同A点
	侧缝线	B	0.2	同A点	0.35	同A点
		C	0	由于是公共线，$C=0$	0.35	同H点
		D	1	同G点	0.35	同C点
		E	1	同G点	0.35	同C点

部位名称		部位代号	档差及计算公式			
			纵档差		横档差	
门襟	领口弧线	A	0.5	同前片上领口档差	0	不变，A=0
		B	0.5	同 A 点	0	不变，B=0
	下摆	C	1.3	前中线 D 点档差 0.1+A 点档差 0.2+F 点档差 1	0	不变，C=0
		D	1.3	同 C 点	0	不变，D=0
后育克	肩线	E	0.23	袖窿深档差 0.7- 后片下破缝线档差 0.47	0.2	领围档差 1×1/5
		D	0.23	同 E 点	0.6	背宽档差
	下破缝线	B	0	由于是公共线，B=0	0	由于是公共线，B=0
		C	0	由于是公共线，C=0	0.6	背宽档差
后颈点		A	0.23	0.23	0	由于是公共线，A=0
后片下中	后中线	B	0.47	袖窿深差 0.7×2/3	0	由于是公共线，B=0
		A	0	由于是公共线，A=0	0	由于是公共线，A=0
		I	0.3	腰节长档差 1- 袖窿深档差 0.7	0	由于是公共线，I=0
		H	1.3	衣长档差 2- 袖窿深档差 0.7	0	由于是公共线，H=0
	破缝线	C	0.47	同 B 点	0.3	背宽档差 0.6×1/2
		D	0	由于是公共线，D=0	0.3	背宽档差 0.6×1/2
		E	0.3	同 I 点	0.3	同 C 点
		F	1.3	同 H 点	0.3	同 E 点
		G	1.3	同 F 点	0.3	同 E 点
后片下侧	破缝线	C	0.47	同后片下中片的 B 点	0.3	同 D 点
		D	0	由于是公共线，D=0	0.35	（胸围档差 4×1/4- 后片下中变化量 0.3）×1/2
		E	0.3	腰节档差 1- 袖窿深档差 0.7	0.35	同 D 点
		F	1.3	衣长档差 2- 袖窿深档差 0.7	0.35	同 E 点
		G	1.3	同 F 点	0.35	同 E 点
	侧缝线	A	0	由于是公共线，A=0	0.4	胸围档差 4×1/4- 后背宽档差 0.6
		J	0.3	同 E 点	0.4	同 A 点
		I	1.3	同 F 点	0.4	同 J 点
		H	1.3	同 F 点	0.4	同 J 点
	袖窿点	B	0.47	同 C 点	0	靠近公共线，B=0

续表

部位名称		部位代号	档差及计算公式				
			纵档差			横档差	
袖子	袖山顶点	A	0.4	胸围档差 ×1/10	0	由于是公共线，A=0	
	袖肥点	B	0	由于是公共线，B=0	0.7	胸围档差 4×1/5−0.1	
		G	0	由于是公共线，G=0	0.7	胸围档差 4×1/5−0.1	
	袖口点	C	0.1	袖长档差 0.5− 袖山高档差 0.4	0.7	同 B 点	
		E	0.1	同 D 点	0.7	同 G 点	
翻领	后中	A	0	各档样板领子宽度相等，只推长度方向	0.5	领围档差 1×1/2	
		B	0	各档样板领子宽度相等，只推长度方向	0.5	同 A 点	
底领	后中	C	0	各档样板领子宽度相等，只推长度方向	0.5	领围档差 1×1/2	
		D	0	各档样板领子宽度相等，只推长度方向	0.5	同 C 点	

另外，门襟衬、翻领、底领衬料样板以及工艺样板推板参照相应部位的面料推板方法。

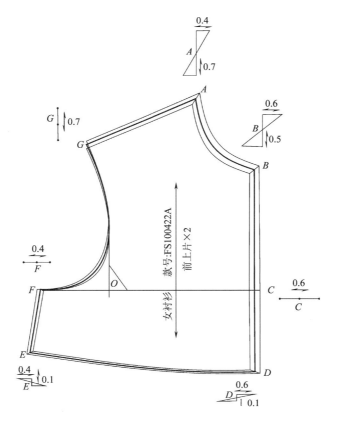

图 2-12

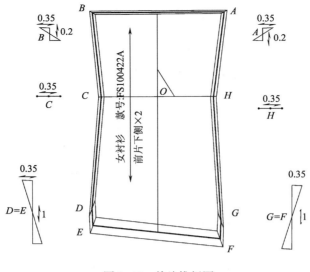

图 2-12　前片推板图

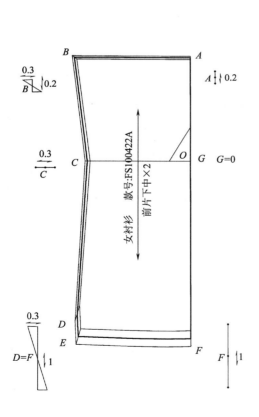

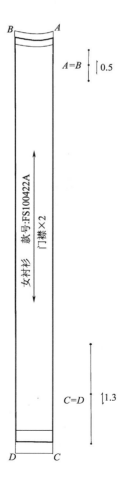

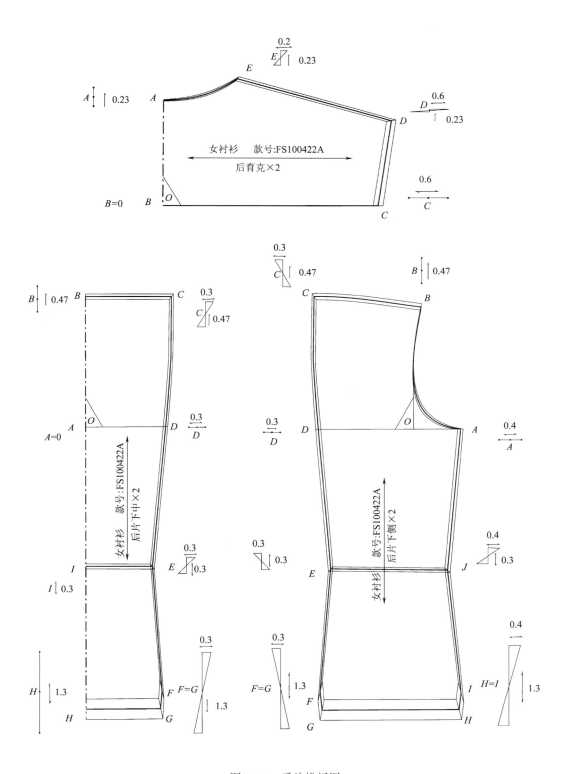

图 2-13 后片推板图

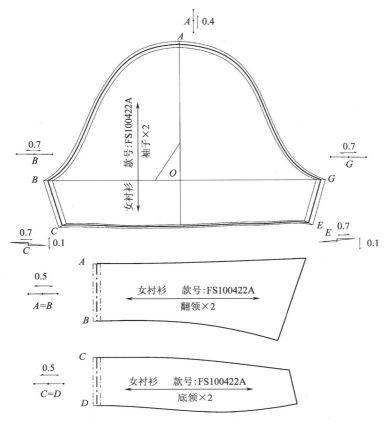

图 2-14　衣袖、衣领推板图

八、服装成衣展示

服装成衣展示如图 2-15、图 2-16 所示。

图 2-15　企领泡泡短袖女衬衫成衣前后身展示

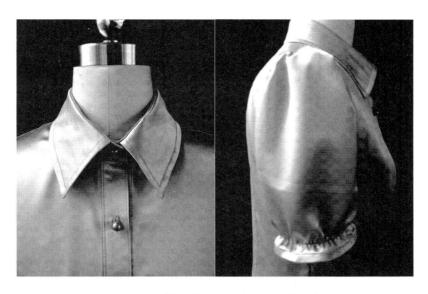

图 2-16　企领泡泡短袖女衬衫成衣局部展示

九、常见问题分析

在实训过程中，普遍存在这些问题：不能正确审视款式图，服装制图尺寸把握不准，服装工艺制作不熟练等。结合该款工艺单案例，下面主要针对在分析工艺单、制板以及挑选面辅料的过程中常出现的问题进行分析。

1. 规格尺寸

第一件试样与第二件试样的成品效果对比如图 2-17、图 2-18 所示。

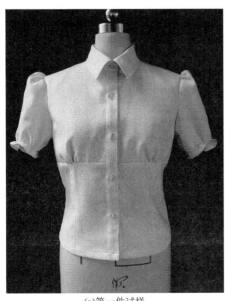

(a)第一件试样　　　　　　　　　　(b)第二件试样

图 2-17　前衣身效果对比图

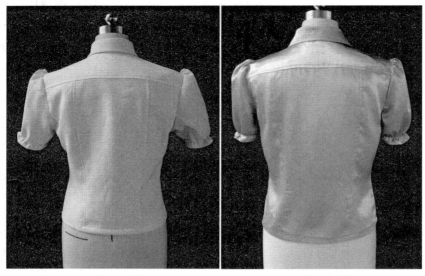

(a)第一件试样   (b)第二件试样

图 2-18　后衣身效果对比图

如图 2-19 所示，虚线表示的是第一件试样，实线表示的是第二件试样，将其外轮廓线条进行对比，第一件试样规格尺寸有如下问题存在：

（1）整个外形轮廓偏短而胖，袖子外张，不符合本款式所要求的女性衬衫的柔美风格。

（2）肩宽偏宽，导致衣袖做了泡泡效果后，整个肩部呈现一种盔甲的状态。

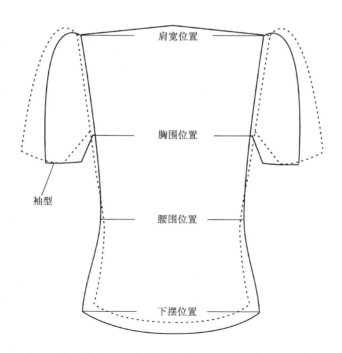

图 2-19　第一件试样与第二件试样外形轮廓对比图示

（3）胸围偏大，腰围偏小，导致腰节线以上部位视觉效果更显大，腰节线以下部位又显瘦小，导致整个侧缝线条不流畅。

（4）衣长偏短，这也是导致服装呈现短而胖的原因。

（5）下摆偏小，导致松量不够，视觉上具有收缩感。

（6）衣袖外张，袖口偏大，导致衣袖在服装中特别醒目，不美观。

鉴于以上分析，将制图尺寸进行修改，并重新制作试样，与客户沟通后达成一致。

2.面辅料选择

原来挑选的面料质地偏松，但纤维又偏硬，这也是导致服装外观略显僵硬的原因，改换后的面料比较轻薄，且略带弹性，悬垂性好，适合做泡泡袖这类有抽褶的服装。具体细节效果对比如图 2-17、图 2-18 所示。第一件试样的纽扣偏大，不适合衬衫使用。改换后的纽扣类似珍珠形状，适合泡泡袖衬衫的甜美风格。

3.制图方法

鉴于第一件试样存在的问题，在制板方法上也做了一些修改。

（1）前片。去掉原来样板 1cm 的撇门量设置，因为衬衫款式一般要求左右两片丝缕在前中处为直丝缕，这样比较符合视觉审美。修改图如图 2-20 所示，修改后丝缕效果如图 2-21 所示。

去掉原来样板前领口低落 1cm 的设置量，使成型后的衣领更合体，如图 2-20 所示。

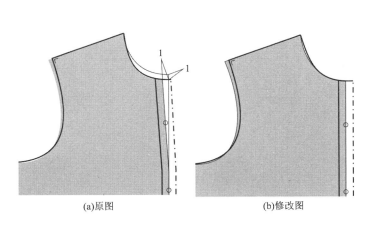

(a)原图　　　　　　　　　(b)修改图

图 2-20　前领口修改图示

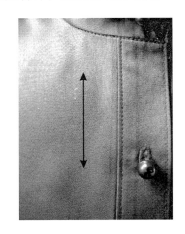

图 2-21　前中丝缕效果图

前上片褶量放量增加 1cm。分析第一件试样的效果，前片的褶量不够，因此，修改图中增加了褶量，如图 2-22、图 2-23 所示。需要注意的是，褶量的设置除了要符合款式外，还需要根据面料的薄厚区别对待。要达到同样的效果，通常薄面料比厚面料的褶量少。

（2）后片。将后片分割缝往侧缝方向偏移 1cm。原分割缝设置距离较近，视觉上不美观，曲度太大，因此进行修改，如图 2-24、图 2-25 所示。

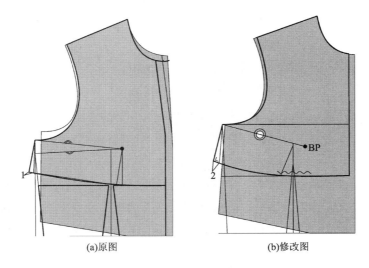

(a)原图　　　　　　　　　(b)修改图

图 2-22　前片褶量修改图

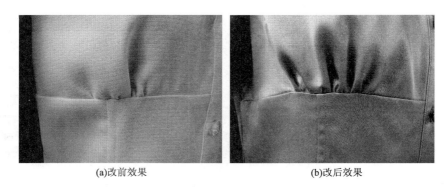

(a)改前效果　　　　　　　　　(b)改后效果

图 2-23　前片褶量效果对比图示

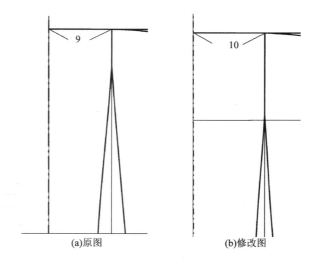

(a)原图　　　　　　　　　(b)修改图

图 2-24　后片分割缝修改图

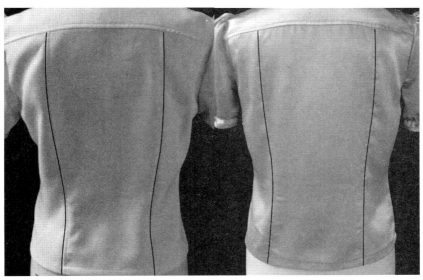

(a)改前效果　　　　　　　　　　　　(b)改后效果

图 2-25　后片肩斜效果对比图示

（3）衣袖。如图 2-26 所示，第一件试样衣袖存在很大的问题，衣袖外张，袖型不美观，其主要原因是袖山高不够。泡泡袖要求衣袖比较合体才漂亮，而合体袖袖山要偏高些。另外，衣袖切展变化后必须相应抬高袖山，这样才能满足泡泡的褶量。因此，在原图的基础上做了如下修改：袖山高增加 1cm，衣袖切展变化后总量又抬高了 4cm。

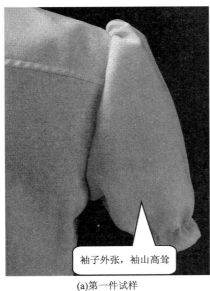
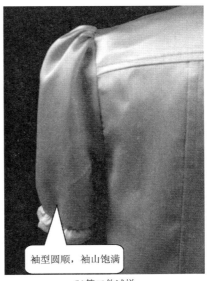

(a)第一件试样　　　　　　　　　　　　(b)第二件试样

图 2-26　衣袖对比图示

（4）衣领。第一件试样在扣上纽扣后，翻领交叠量较多，影响美观及舒适度，因此将翻领与底领进行修改。翻领外止口与底领缝合位置在原来基础上缩进 0.2cm，底领在与翻领对位位置横向加放 0.2cm，如图 2-27、图 2-28 所示。

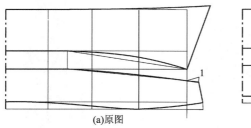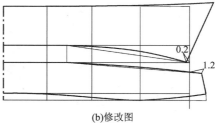

(a)原图　　　　　　　　　　　　　　　　(b)修改图

图 2-27　衣领修改图

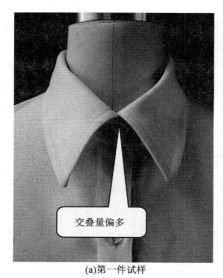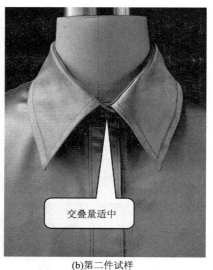

(a)第一件试样　　　　　　　　　　　　　(b)第二件试样

图 2-28　衣领效果对比图示

实训六　船长服女上装制板

实训任务描述：表 2-4 为船长服女上装客供工艺单，图 2-29 为客供成品测量尺寸示意图，表 2-5 为客供尺寸表，要求根据客供工艺单及客供尺寸表制出样板并试制样衣。

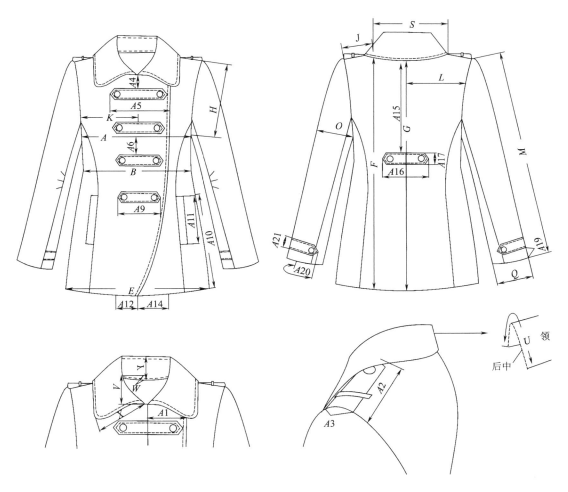

图 2-29　成品测量尺寸示意图

一、技术资料分析

船长服女上装客供工艺单为英文单，必须先将工艺单翻译成中文。表 2-6 为与表 2-4 相对应的中文客供工艺单，表 2-7 为与表 2-5 相对应的中文客供尺寸表。

表 2-4 船长服女上装客供工艺单

STYLE : CAPTAIN	CUSTOMER : YV	CODE : 100101
SEASON : AW2009	COLLECTION : LADIES JACKETS	DATE : 1/12/2008
BODY TABRIC : METLON NON WOOL		

COLLAR AS SAMPLE WITH 1/4"E/S

SELF FABRIC EPAULETTES TO SHOULDERS FASTENING WITH 34L FUNCTIONAL METAL BUTTON

SELF FABRIC TAB WITH34L METAL BUTTONS TO EACH END

SELF FABRIC TAB TO CUFF FASTENING WITH FUNCTIONAL 34L META BUTTON TO EDGE

4X LAID ON SELF FABRIC PANELS TO CF WITH FUNCTIONAL 34L METAL BUTTONS TO LEFT SIDE

2 PIECE WITH 3 DARTS ARE ORIGINAL

CURVED SEAM IS 1/4"E/S AS ORIGINAL

SPEC AS ORIGINAL CAPTAIN USE MEASUREMENTS FOR LAYED ON FABRIC PANELS AND BACK TAB FROM ORIGINAL

COLOUR INFORMATION:		
COL1:	COL2:	BUTTONS:
BLACK	BLACK	PEWTER
MULBERR	BLACK	PEWTER

COL1:SHELL,COLLAR   COL2:LINING   BUTTONS:S-DP047

表2-5 船长服女上装客供尺寸表

Measurement Points		SIZE			
		10	12	14	Tolerance
HALF CHEST 2CM BELOW ARMHOLE	A	45.5	48	50.5	± 1
WAIST RELAXED – 40CM FROM HSP	B	37.5	40	42.5	± 0.5
HEM WIDTH RELAXED	E	51.5	54	56.5	± 1
LENGTH HSP	F	68	68	68	± 1
LENGTH CB NECK TO HEM	G	65.7	65.7	65.7	± 1
ARMHOLE STRAIGHT – SET IN	H	17.5	18.5	19.5	
SHOULDER WIDTH	J	11.7	12	12.3	± 0.5
ACROSS FRONT @ MID ARMHOLE	K	31	32	33	
ACROSS BACK @ MID ARMHOLE	L	33	34	35	
SLEEVE LENGTH (from shoulder inc cuff)	M	59.5	60	60.5	± 0.5
BICEP @2CM FROM UNDERARM	O	17	17.5	18	
CUFF WIDTH RELAXED	Q	11	11	11.5	± 0.25
NECK WIDTH	S	9.6	10	10.4	
COLLAR HEIGHT CB – INCL. STAND	U	9	9	9	
FRONT NECK DROP FIL	V	8.2	8.5	8.8	
BACK NECK DROP FIL	W	2.3	2.3	2.3	
COLLAR POINT – EXCL. STAND	X	10	10	10	
COLLAR STAND DEPTH @ CB	Y	3	3	3	
REVER WIDTH	A1	8	8	8	
EPAULETTE LENGTH	A2	9.2	9.5	9.8	
EPAULETTE WIDTH	A3	4	4	4	
CF NECK TO TOP OF 1ST BUTTON STRIP	A4	2	2	2	
1ST BUTTON STRIP LENGTH / DEPTH	A5	15/4	15/4	15/4	
DISTANCE BETWEEN BUTTON STRIPS	A6	6.5	6.5	6.5	
4TH BUTTON STRIP LENGTH / DEPTH	A9	10/4	10/4	10/4	
POCKET OPENING UP FROM HEM @ SIDESEAM	A10	27	27	27	
POCKET OPENING LENGTH	A11	14.5	15.5	16.5	
FIT SEAM UP FROM HEM LHSAW	A12	5.5	5.5	5.5	
RHSAW FRONT CUT AWAY @ CF FROM LHS FRONT AS WORN	A14	7	7	7	
CB NECK TO TOP OF BACK BELT	A15	36.5	37	37.5	
BACK BELT LENGTH	A16	15.5	16	16.5	
BACK BELT DEPTH	A17	4	4	4	
CUFF TAB UP FROM SLEEVE END	A19	4	4	4	
CUFF TAB LENGTH	A20	13	13	13.5	
CUFF TAB DEPTH	A21	4	4	4	
ALL ABOVE MEASUREMENTS ARE IN CMS AND MEASURED FLAT TOLERANCE: 0.5CMS BELOW 25.0CMS, 1.0CMS ABOVE 25.0CMS					

表 2-6 船长服女上装中文客供工艺单

款式：船长服	客户：YV	款号：100101
季节：2009 秋冬	名称：女上装	日期：2008 年 12 月 1 日	大身面料：仿麦尔登呢

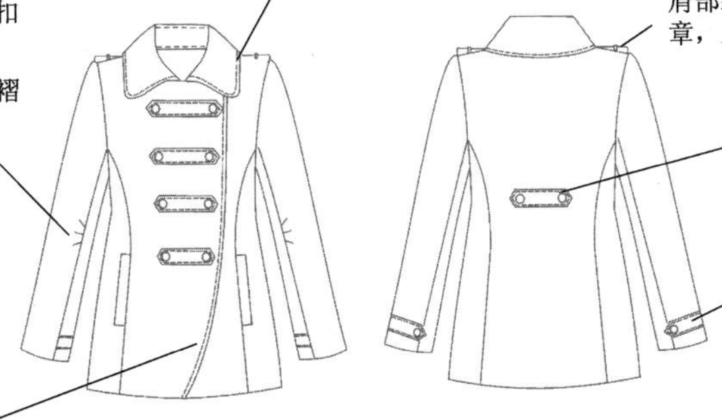

领子辑0.6cm的明线

前中处有4个本色布做的扣襻 左片装34L的铜扣

2片袖，3个褶

辑0.6cm的明线

肩部装一个本色布做的肩章，上配有34L的铜扣

本色布腰襻，两端配有34L的铜扣各一粒

本色布袖襻，配一粒34L的铜扣

合体船长服，女式呢面料，后中处有腰襻

颜色：

颜色 1：	颜色 2：	纽扣：
黑	黑	银灰色
紫色	黑	银灰色

颜色 1：大身，衣领　　颜色 2：里料，衬　　纽扣：S-DP047

表 2-7 船长服女上装中文客供尺寸表

部 位		尺寸			
		10	12	14	公差
半胸围在袖窿下 2cm 处测量	A	45.5	48	50.5	±1
腰宽平量—肩颈点向下 40cm 处测量	B	37.5	40	42.5	±0.5
摆宽平量	E	51.5	54	56.5	±1
肩颈点向下量衣长	F	68	68	68	±1
后中量衣长	G	65.7	65.7	65.7	±1
袖窿直量—袖窿直线长	H	17.5	18.5	19.5	
小肩宽	J	11.7	12	12.3	±0.5
前胸宽在袖窿中点处取	K	31	32	33	
后背宽在袖窿中点处量取	L	33	34	35	
袖长从肩测量到袖口	M	59.5	60	60.5	±0.5
从袖根处 2cm 量取	O	17	17.5	18	
袖口宽	Q	11	11	11.5	±0.25
领宽	S	9.6	10	10.4	
领高后中量（包含领座）	U	9	9	9	
前领深	V	8.2	8.5	8.8	
后领深	W	2.3	2.3	2.3	
领面立量（不包含领座）	X	10	10	10	
领高（后中）	Y	3	3	3	
搭门宽	A1	8	8	8	
肩章长	A2	9.2	9.5	9.8	
肩章宽	A3	4	4	4	
第一个纽扣襻上部离前领口	A4	2	2	2	
第一个纽扣襻长	A5	15/4	15/4	15/4	
纽扣襻间距	A6	6.5	6.5	6.5	
第四个纽扣襻长	A9	10/4	10/4	10/4	
袋开口至底边距离（在侧缝测量）	A10	27	27	27	
袋口大	A11	14.5	15.5	16.5	
右挂面宽（在底边处测量）	A12	5.5	5.5	5.5	
前中到门襟止口的垂直距离（在底边处测量）	A14	7	7	7	
后颈点到后片扣襻上部的距离	A15	36.5	37	37.5	
后片扣襻长	A16	15.5	16	16.5	
后片扣襻宽	A17	4	4	4	
袖襻到袖口的距离	A19	4	4	4	
袖襻长	A20	13	13	13.5	
袖襻宽	A21	4	4	4	
以上所有尺寸为 cm，平量测得，允差为尺寸小于 25cm 的为 0.5cm 允差，25cm 以上的允差为 1cm					

1. 服装款式图分析

此款为双排扣翻领上装，H 型造型，款型略合体收腰；前后身均设分割线，借缝袋；左右门襟不对称，右止口为弧线形，左止口为直线形；袖子为两片袖，前袖肘处有 3 个小褶，袖口处有袖襻；配肩章，后腰身装腰襻。

2. 服装工艺分析

衣领及门襟止口缉 0.6cm 明线，借缝袋左右各一个，袋口缉 0.6cm 明线；袋口明封，袋布缉不同轨双线；后腰带、肩章和袖带缉明线 0.6cm；领座与领面合缝处缝头烫分开，上下各缉 0.1cm 明线；右门襟锁圆头眼四个，左里襟上口锁眼一个。

3. 样板尺寸制订

该款服装为常规生产方式。衣长、袖长、胸围、腰围、摆围均考虑 1cm 的缩率，那么实际的制板规格见表 2-8。

表 2-8　船长服女上装样板规格表　　　　　　　　　　　　　　　单位：cm

规格　　　部位 号码	衣长（L）	胸围（B）	腰围（W）	摆围	袖长（SL）	袖口宽
12	66.7	97	81	109	61	11

二、结构制图

选择号码为 12 的中间体作为成衣的中号规格，根据表 2-8 的样板规格进行制图。

（1）此款胸腰差为 16cm，半身制图为 8cm，在腰部前片收掉 3.5cm，后片收掉 4.5cm。其中，前后片侧缝处各收掉 1.5cm，其余的量放入分割线中。

（2）分割线位置的设定应根据款式图设置，并做好省道合并，合并省道后画顺弧线。

（3）挂面在肩缝处为 4cm，由于是双排扣，挂面离止口较宽，扣间距为 6.5cm，搭门为 7cm；因为此款前片左右不对称，右片门襟止口为弧线，左片门襟止口为直线，所以前中片和挂面也要有左右之分。

（4）衣袖在大袖片靠前分割处收三个褶，每个褶量为 0.3cm。

（5）由于该款在前门襟处有 4 个扣襻、左右各一个肩章、后片有腰襻和左右各一个袖襻，所以均需考虑襻的长度与定位。

（6）在衣领制图中，为了使成形后的衣领合体，将翻领分割出一部分作为领座，采用剪开折叠法将领座变形，减小翻折线的长度。

船长服女上装的制图如图 2-30 ~ 图 2-33 所示。

（7）结构图的审核。结构制图完毕，应对结构图进行审核。结构图的检查和审核如图 2-34、图 2-35 所示。

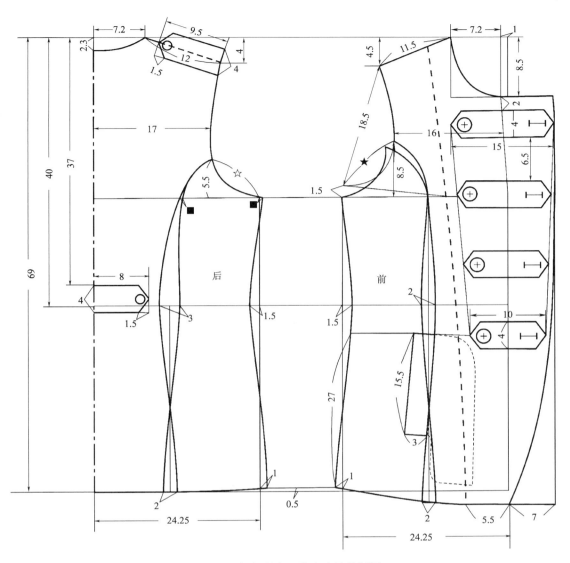

图 2-30 船长服女上装衣身结构制图

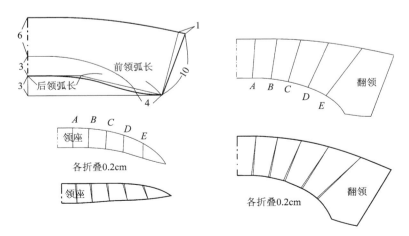

图 2-31 船长服女上装衣领结构制图

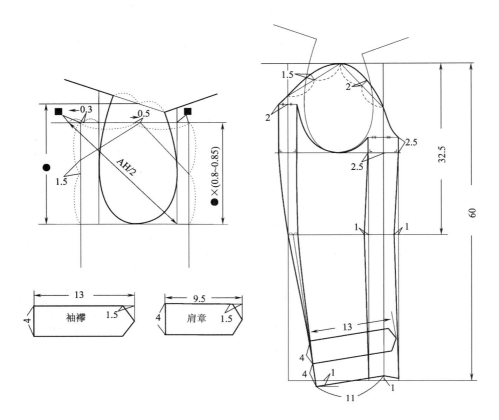

图 2-32　船长服女上装衣袖结构制图

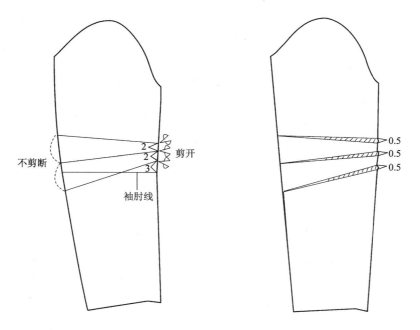

图 2-33　袖子切展图

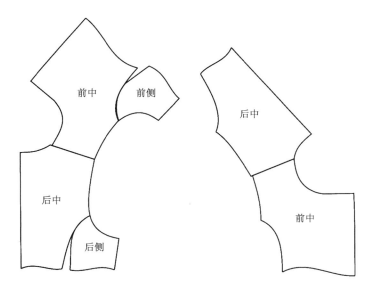

图 2-34　检查袖窿弧线与领口弧线是否圆顺

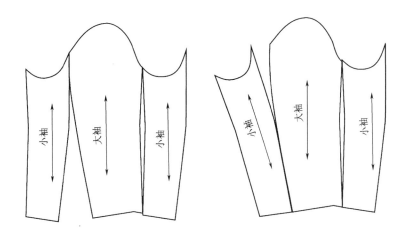

图 2-35　检查大小袖相关部位是否吻合

三、制作面料裁剪样板

（1）根据净样板放出毛缝，衣身样板的侧缝、肩缝、分割缝、袖窿、领口、止口处一般放缝 1cm，下摆贴边宽一般为 4cm。挂面在肩缝处宽 4cm，挂面除肩线放 1.5cm 外，其余各边放缝 1cm。

（2）衣袖放缝同衣身，袖山弧线、内外侧拼缝放缝 1cm，袖口贴边宽 4cm。

（3）领座和翻领四周放缝 1cm。肩章、扣襻、腰襻、袖襻等四周都放缝 1cm。

面料裁剪样板及文字标注如图 2-36 ~ 图 2-38 所示。

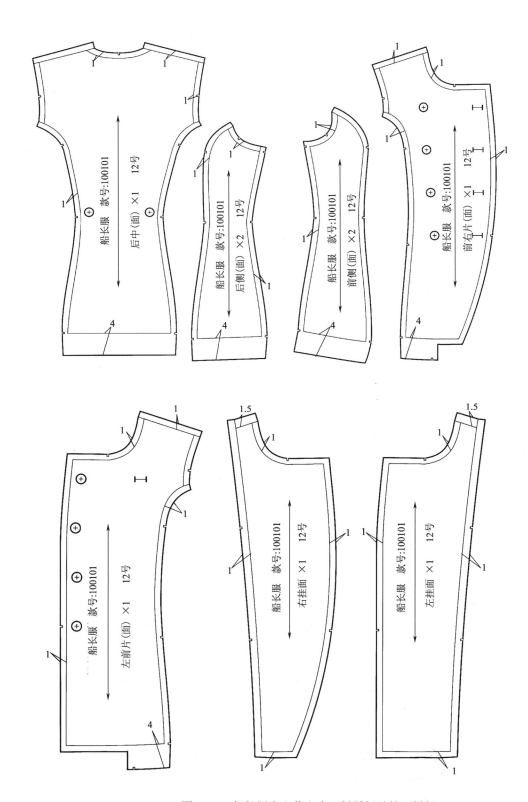

图 2-36 船长服女上装衣身面料样板及挂面样板

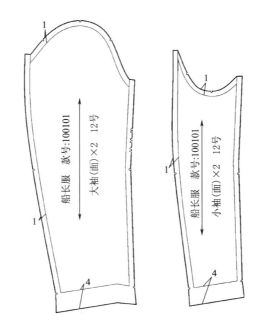

图 2-37　船长服女上装衣袖面料样板

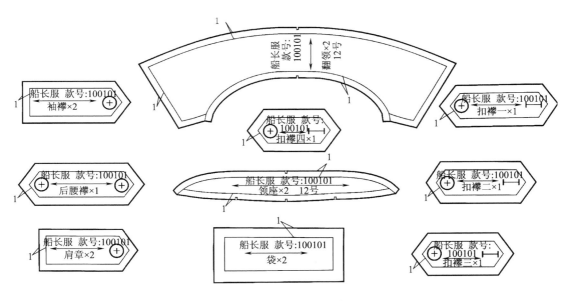

图 2-38　船长服女上装衣领及其他小样板

四、制作里料裁剪样板

里料裁剪样板的制作要符合内外层结构的吻合关系。内外层结构吻合的原则是内层（衬料、里料）结构必须服从外层（面料）结构，即内层材料不能牵扯外层材料的动态变形，不能影响服装的静态外观。因此，当外层结构决定后，内层材料要达到与之吻合的效果。

（1）后中片、后侧片、前侧片里料样板制作，除底边放 1cm，其余各边都放 1.5cm。

（2）前中片里料样板制作。前中片里料样板是指去除挂面后留下的样板的放缝。除分割线和底边是 1cm，其余各边都放 1.5cm。

（3）大袖片在袖山顶点放 2cm，小袖片在袖底弧线处放 2cm，大小袖片在袖山外侧放2.5cm，袖口放 1cm，其余各边放 1.5cm。

里料样板同面料样板一样，标出丝缕方向，写上文字标注，如图 2-39 ~ 图 2-40 所示。

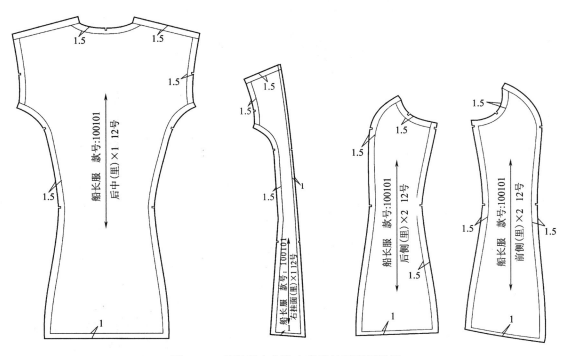

图 2-39 船长服女上装衣身及挂面里料样板

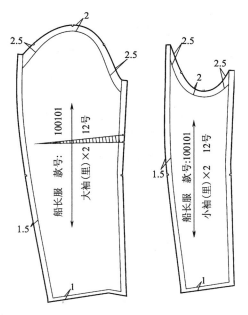

图 2-40 船长服女上装衣袖里料样板

五、制作衬料裁剪样板

衬料裁剪样板及文字标注如图2-41、图2-42所示。一般情况下，每条边分别比面料小0.3cm，这样便于黏合机粘衬。

（1）前中片、挂面、领面、领底、肩章、袖襻、扣襻、后腰襻整片可选择质地轻薄柔软的黏合衬。

（2）后片领口、袖窿可不粘黏合衬，用牵条代替。

衬料样板同面料、里料样板一样，要做好丝缕方向及文字标注。

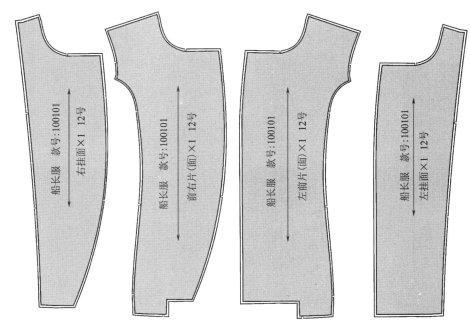

图2-41 船长服女上装衣身衬料样板

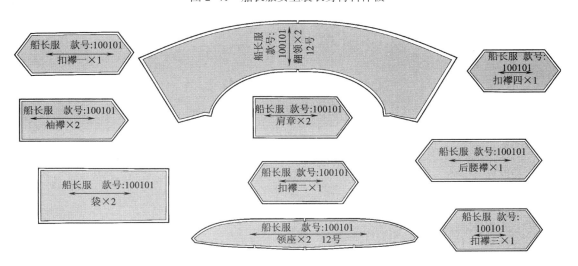

图2-42 船长服女上装衣领及其他小部件衬料样板

六、制作工艺样板

工艺样板的选择和制作如图 2-43、图 2-44 所示。

（1）领净样。衣领在绱领前外止口已经夹好，因此衣领工艺板的外止口是净缝，领口毛缝。

（2）扣眼位样板：扣眼位样板是在服装做完后用来确定扣眼位置的，因此止口边应该是净缝，扣眼的两边锥孔，锥孔时注意应在实际的扣眼边进 0.2cm，并且注意分左右片。扣襻工艺板是一开始就缝扣襻的，所以是毛样。

（3）其他小部件样板：因为该款有扣襻、肩章、袖襻、后腰襻，所以都应该有带扣位的净缝工艺样板。

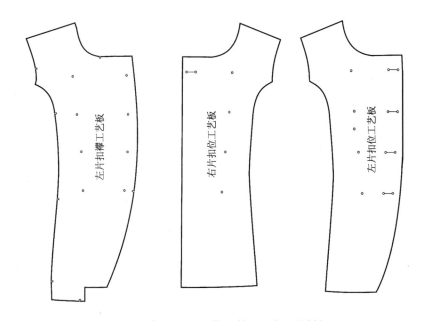

图 2-43　船长服女上装扣襻及扣位工艺样板

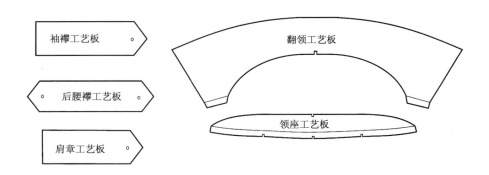

图 2-44　船长服女上装衣领及其他工艺样板

七、样板复核

虽然样板在放缝之前已经进行了检查，但为了保证样板准确无误，整套样板完成之后，仍然需要进行复核，复核的内容有：缝合边的校对，样板规格的校对，根据效果图或款式图检验，里料样板、衬料样板、工艺样板的检验，样板标记符号的检验。

八、服装成衣展示

服装成衣展示如图 2-45、图 2-46 所示。

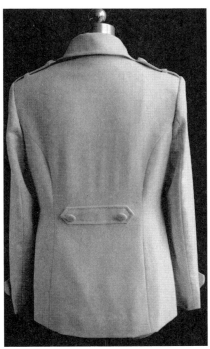

图 2-45　船长服女上装成衣前后身展示

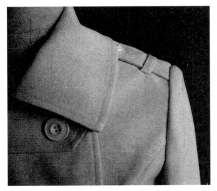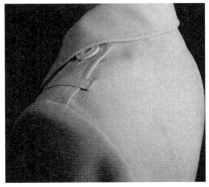

图 2-46　船长服女上装成衣局部展示

九、常见问题分析

在实训过程中，普遍存在如下问题：不能正确分析客供工艺单以及客供规格尺寸，导致制图尺寸错误；服装结构制图存在一些问题；服装工艺制作不熟练等。

图 2-47　实训作业图示（一）

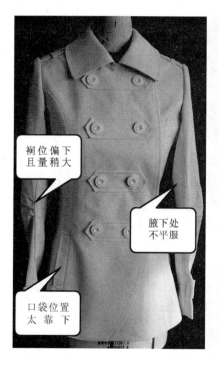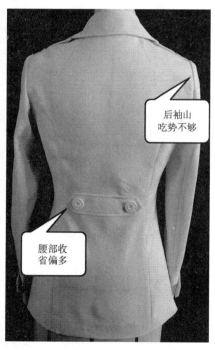

图 2-48　实训作业图示（二）

图 2-47、图 2-48 是根据实训六的工艺单制作的实训作业。从作业中可以看出存在如下问题：

（1）结构制板的时候，肩斜度偏小，导致前后肩处不平服。样板修改如图 2-49 所示。

（2）口袋位置偏下，将口袋位置调高与第四粒纽扣平齐。原口袋尺寸为 13cm × 2.5cm，制成样衣后发现口袋有点小，故将口袋调整为 15.5cm×3cm。样板修改如图 2-49 所示。

（3）腰部收省量偏大，省量分配不合理。样板修改如图 2-49 所示。

（4）袖肘处 3 个小褶量稍偏大，这是缝制时没有掌握好量导致的。腋下不平服，后袖山处吃势不够，没有将袖山弧线与衣身上的袖窿弧线相比对。样板修改如图 2-50、图 2-51 所示。

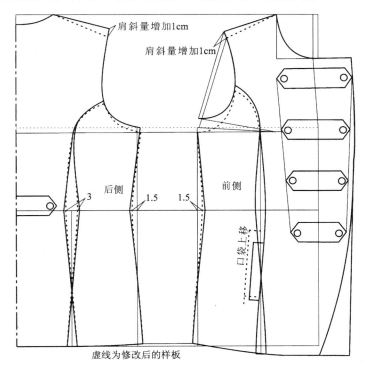

图 2-49　衣身样板修正

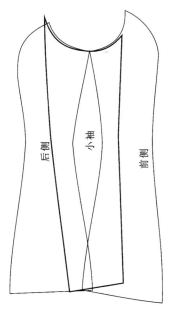

图 2-50　检查袖窿弧线与衣身是否吻合

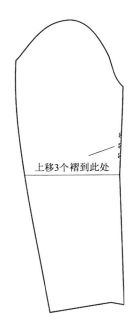

图 2-51　衣袖样板修正

实训七　无袖连身立领旗袍制板

表 2-9 为无袖连身立领旗袍工艺单，要求根据客供工艺单及客供尺寸表制出样板并试制样衣。

一、技术资料分析

对客供样衣工艺单进行认真分析，包括款式图分析、服装结构与工艺分析、服装规格尺寸分析等。

1.服装款式图分析

此款为无袖连身立领旗袍，较合身。V 型连身立领，全夹里；前身分为左襟、右襟，左襟为大片，右襟为小片，右襟侧缝固定，左襟压住右襟，搭门处用六粒盘扣固定并装饰；前身沿公主线和臀围线附近收肚省，分割出一个侧片，收腋下省；前片两侧摆缝下部开衩；后中装隐形拉链，后片收领省和腰省，左右对称；袖窿、领口、门襟、里襟、侧开衩止口处夹滚条，如图 2-52 所示。

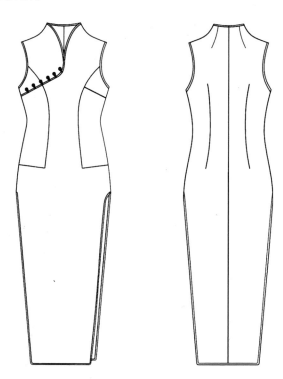

图 2-52　无袖连身立领旗袍款式图

表 2-9　无袖连身立领旗袍工艺单

款号：FS-100410A	名称：无袖连身立领旗袍
下单日期：2010.04.10	完成日期：2010.04.25

款式图（含正面、背面）：

规格表　　单位：cm

规格　部位	150/76A XS	155/80A S	160/84A M	165/88A L	170/92A XL	档差	公差
衣长（A）	130	133	136	139	142	3	±1.5
胸围（B）	82	86	90	94	98	4	±1.0
腰围（C）	62	66	70	74	78	4	±1.0
臀围（D）	84	88	92	96	100	4	±1.0
肩宽（E）	34	35	36	37	38	1	±0.6

工艺说明：

领口、门襟、里襟、袖隆、侧开衩止口处夹滚条，滚条的外露宽度为0.3cm。连省成缝，连省先与面料裁片拼合后再与里料夹合；左前分割两个侧片，省缝交接处打剪口，分开缝熨烫平服，不能起窝状或皱料；门襟右侧片公主线与里料公主线对齐；门襟、里襟，后立领各有4cm的贴边，贴边与里料覆盖贴合上；里料与面料裁片大小一致；袖隆整圈缝合

裁片前中心线，下距侧缝8cm止。中间均匀分布；门襟、里襟，后立领各有4cm的贴边，贴

成品要求：

外形前后弧线匀称美观，左右对称，缝线顺直，没有水花和抽光，防止烫黄变色，样衣要求。

缝线平整，绲线宽窄一致，整洁，无污迹，无线头

面料：

织锦缎，真丝软缎等，面料280cm，幅宽112cm

辅料：

配色涤丝纺220cm，幅宽150cm；有纺黏合衬50cm，幅宽110cm；面料盘扣6副。配色缝纫线；商标；洗标

款式说明：

此款为无袖连身立领旗袍。V型连身立领，前身分为左门襟、右里襟，右襟侧缝固定。左襟压住右襟；搭门处用六粒盘扣固定并装饰；前身沿公主线和臀围影线收壮省，分割出一个侧片，收腋下省，同时在左襟、右襟叠加好后分割出与右侧片对称的结构；前片两侧摆缝下部开衩；后中装隐形拉链。后片收领省和腰省，左右对称；袖隆、领口、门襟、里襟、侧开衩止口处夹滚条

2. 服装工艺分析

领口、门襟、里襟、袖窿、侧开衩止口处夹滚条，滚条的外露宽度为 0.3cm，滚条先与面料裁片拼合后再与里料夹合；左前片分割两个侧片，连省成缝，省缝交接处打剪口，分开缝熨烫平服，不能起窝状或皱褶；门襟右侧片公主线与里襟侧片公主线对齐，搭门处 6 粒盘扣左起门襟前片中心线，右至侧缝 8cm 止，中间均匀分布；门襟、里襟、后立领各有 4cm 的贴边，贴边与里料覆盖贴上，贴边处加黏合衬；里料与面料裁片大小一致；袖窿整圈夹合，加黏合衬。

3. 样板尺寸制订

该款服装为常规生产方式，衣长、胸围、臀围均考虑 1cm 的缩率，肩宽考虑 0.5cm 的缩率，那么实际的制板衣长为 137cm、胸围为 91cm、腰围为 71cm、臀围为 93cm、肩宽 36.5cm。160/84A 无袖连身立领旗袍样板规格见表 2-10。

表 2-10 无袖连身立领旗袍样板规格表　　　　　　　　　　单位：cm

规格　　　部位 号型	衣长（L）	胸围（B）	腰围（W）	臀围（H）	肩宽（S）
160/84A	137	91	71	93	36.5

二、结构制图

选择国家号型标准中的中间体 160/84A（M 码）作为成衣的中号规格，根据表 2-10 的样板规格进行制图。制图时采用净胸围为 84cm 的原型。

（1）由于原型已加 10cm 松量，为 94cm，服装 M 码胸围的样板规格为 91cm，要在原型的基础上减少 3cm，则前片减少 0.5cm，后片减少 1cm。

（2）分割线位置的设定应根据款式图设置，并做好省道转移，合并省道后画顺弧线。

（3）左襟为衣身的主要部分，左右侧做公主线分割，胸省转移至侧片袖窿底点向下 4cm 处。

（4）搭门为 4cm，有六粒盘扣，第一粒在门襟前片中心线位置，最后一粒距侧缝 8cm 止，中间等分均分。

（5）由于后片为无肩省造型，后肩线比前肩线长 0.5cm 作为后肩线的吃量，以吻合肩胛骨的突起。

（6）侧片公主线与胸围线交点偏离 BP 点 1cm，防止在 BP 点上形成尖凸点。

（7）后领口省为领外围线至领底线之间线段的平行线，向下做三角形收至省尖。

（8）由于该款式是连身立领，领口的处理与肩线的弧度一定要考虑符合人体颈肩的弧度。

无袖连身立领旗袍的制图如图 2-53 ~ 图 2-55 所示。

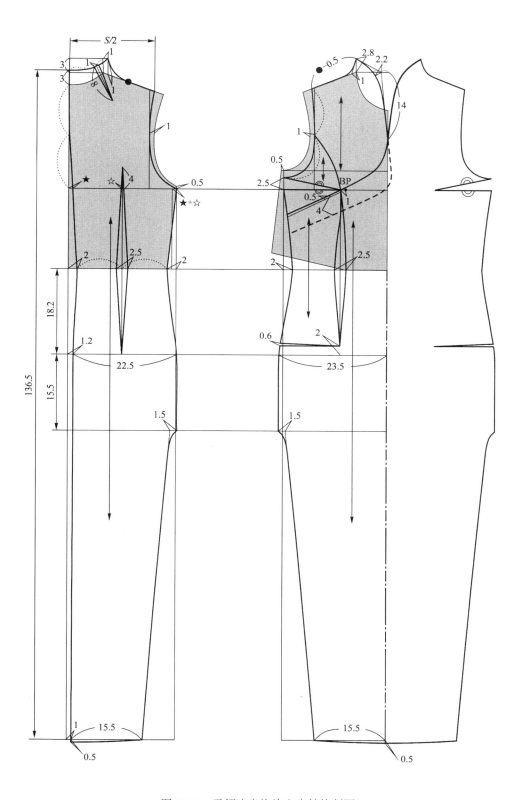

图 2-53　无领连身旗袍衣身结构制图

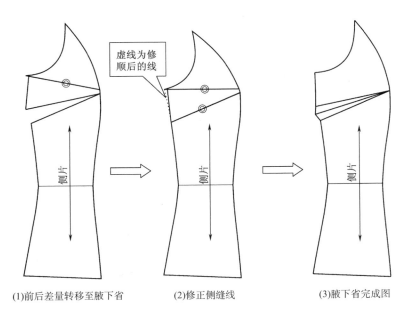

虚线为修顺后的线

(1)前后差量转移至腋下省　　　(2)修正侧缝线　　　(3)腋下省完成图

图 2-54　侧片省道转移变化

图 2-55　后领贴边省道处理

三、结构图审核

结构制图完毕，应对结构图进行审核。审核内容包括结构图的吻合性、规格的一致性及结构图的完整性。

（1）结构图的吻合性。观察结构图（纸样）与样品是否相符（型与结构），细部造型结构与实物是否能够吻合，检查主要部位的结构线是否吻合。

（2）规格的一致性。审核结构图规格与成品规格是否一致，是否考虑了成衣工艺要求，审核纸样相关规格与款式特点是否相适应。

（3）结构图的完整性。结构图是否全面、完整，是否包括任何的细节部分。

结构图的审核如图 2-56 所示。

四、制作面料裁剪样板

（1）根据净样板放出毛缝，后中心线放 2cm，其余所有衣片均放 1cm，底边由于夹滚边也不例外。

（2）后领、门襟贴边宽为 4cm，缝份放缝 1cm。

上衣样板的放缝并不是一成不变的，其缝份大小可以根据面料、工艺处理方法等的不

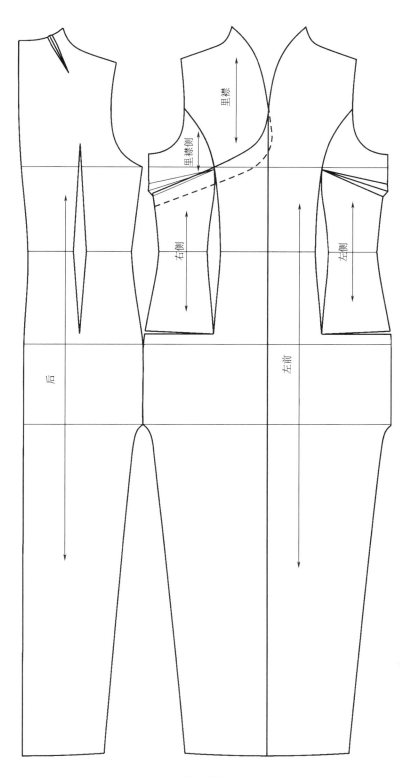

里襟

里襟侧

右侧

左侧

后

左前

（a）检查规格尺寸

图 2-56

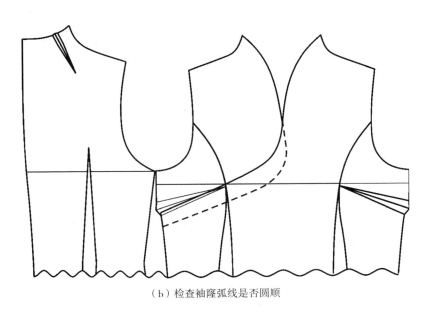

（b）检查袖隆弧线是否圆顺

图 2-56 结构图审核

同而发生相应的变化。需要注意的是，相关联部位的放缝量必须一致。放缝时转角处毛缝均应保持直角。

　　另外，样板上还应标明款式名称、丝缕线和该款服装的成品规格或号型规格，写上裁片名称和裁片数量，并在必要的部位打上剪口。如有款式编号，也应在裁片上标明。

　　面料裁剪样板及文字标注如图 2-57 所示。

五、制作里料裁剪样板

　　本款旗袍由于贴边比较窄，造型柔顺，里料与贴边采用覆盖的方式缝合，覆盖缝合后再与衣身裁片及滚条进行缝合；且款式较合身，夹里与衣身较贴合；所以里料样板与面料样板一致。

六、制作衬料裁剪样板

　　该款旗袍由于款式造型和便于缝制的需要，粘衬部位较少，主要在贴边、袖隆处粘衬；且衬料为无纺衬。衬料裁剪样板是在面料裁剪样板（毛板）的基础上，进行适当调整而得出。衬的样板要比面料的毛样板稍小，一般情况下每条缝分别小 0.3cm，这样便于黏合机粘衬。

　　衬料样板同面料、里料样板一样，要做好丝缕线及文字标注，如图 2-58、图 2-59所示。

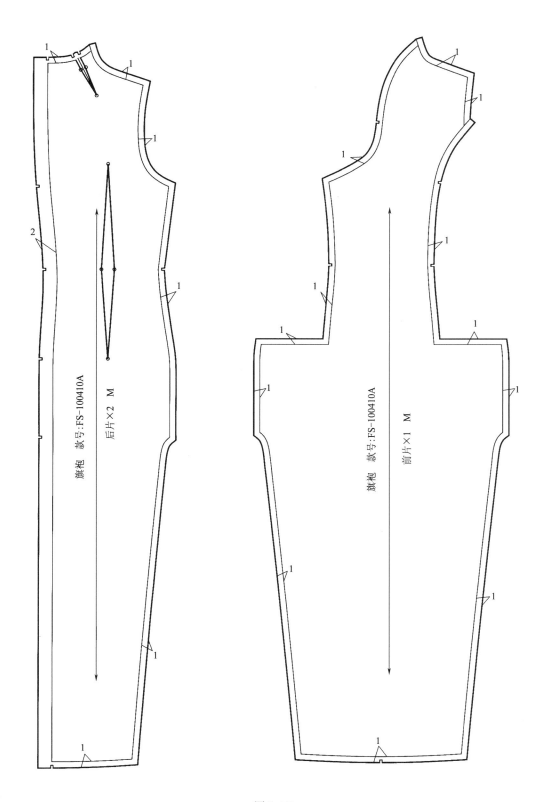

旗袍　款号:FS-100410A

后片×2　M

旗袍　款号:FS-100410A

前片×1　M

图 2-57

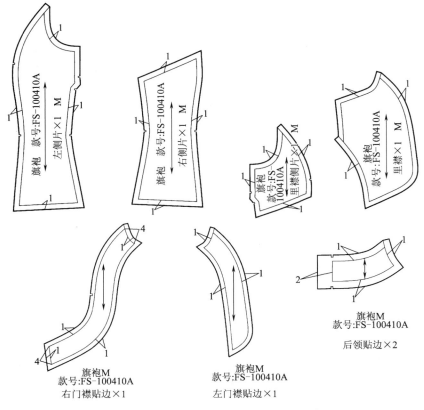

图 2-57 无袖连身立领旗袍面料样板

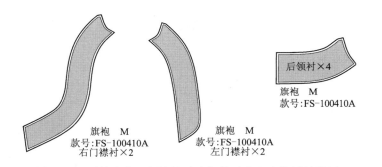

图 2-58 无袖连身立领旗袍贴边与其对应衣身的衬料样板

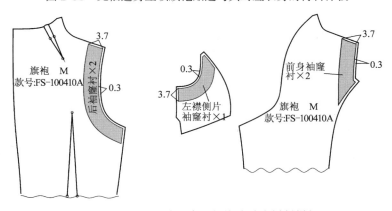

图 2-59 无袖连身立领旗袍袖窿衬料样板

七、制作工艺样板

本款旗袍是用的中式盘扣，在拼合门襟面料和里料时，需要将扣襻放在夹层一起缝合，所以在做扣位工艺样板时需考虑缝份的宽度，做缝 0.8~1cm，以右侧缝毛边为参照边对齐，在工艺样板每个扣位处剪 1cm 的刀口，便于在拼缝前做对位标记，如图 2-60 所示。

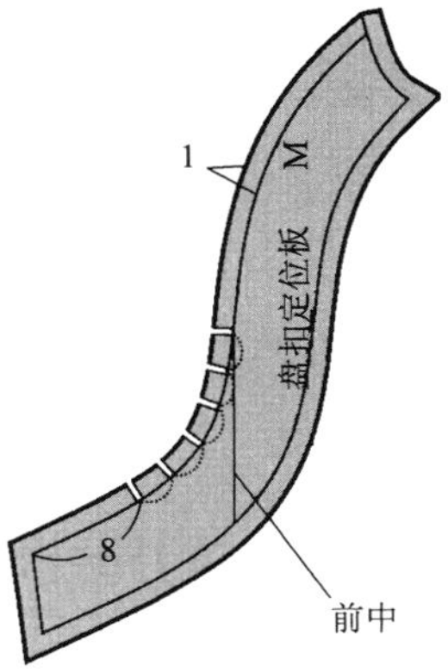

八、样板复核

虽然样板在放缝之前已经进行了检查，但为了保证样板准确无误，整套样板完成之后，仍然需要进行复核，复核的内容包括以下几点：

（1）缝合边的校对。后片肩线要设置一定的缝缩量（约为 0.5cm），以符合体型需要；门襟、里襟的弧线以美观为准；门襟、里襟在右侧缝做对位刀口；通常两条对应的缝合边的长度应该相等。

（2）样板规格的校对。样板各部位的规格必须与预先设定的规格一致，在旗袍样板中主要是校对衣长、胸围、腰围、肩宽、臀围等部位尺寸。

（3）根据来单款式图检验。首先必须检验样板的制作是否符合款式要求；然后检验样板是否完整，是否齐全。

（4）里料样板、衬料样板、工艺样板的检验。检验里料样板、衬料样板的制作是否正确，是否齐全，是否符合要求。工艺样板一般要等试制样衣之后，由客户或设计师确认样板没有问题的情况下再制作，然后确认其是否正确。

（5）样板标记符号的检验。检验样板的剪口是否做好，应有的标记符号，如裁片名称、裁剪片数、丝缕线、款式编号、规格等是否在样板中已标注完整，是否做好样板清单。

图 2-60 无袖连身立领旗袍扣眼位样板

九、服装成衣展示

服装成衣展示如图 2-61 所示。

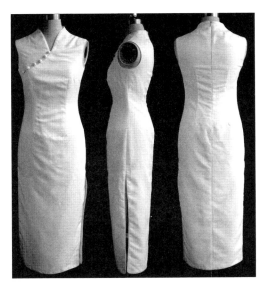

图 2-61 无袖连身立领旗袍成衣展示

实训八　男装线卡贴袋长裤制板

一、技术资料分析

表 2-11 为客供生产指示书，要求根据款式图制出样板并试制样衣。

1.服装款式图分析

此款为男装线卡贴袋休闲长裤，腰臀合体，收省；偏门襟，装拉链，前裤片设有纵向弧形分割线，侧缝中裆处打双褶，膝部略前突，上裆部位无侧缝拼接；左右侧缝各一个带袋盖风琴袋。

2.服装工艺分析

此款为男装线卡贴袋长裤，休闲款，腰臀合体；偏门襟，装拉链，前裤片设有两条纵向弧形分割线，后腰部育克与前片为一体，腰臀部前后拼接无缝设计，侧缝中部打双褶，前中膝部略前突；左右侧缝各一个带袋盖风琴袋，袋盖边缘露毛，前后片分割线、贴袋均缉 0.1cm、0.6cm 双明线，里襟缉 0.1cm 止口，裆缝左盖右，大小裆缉 0.1cm、0.6cm 双明线。左门襟锁 1.6cm 圆头眼两个，里襟钉工字扣，左右袋盖居中各锁 1.6cm 平头眼，钉四孔扣。成衣为传统柔软酶洗，袋盖破坏洗。

3.样板尺寸制订

为了保证最终成衣规格在客户接受的公差范围内，利用面料样进行水洗测试，综合考虑缝制熨烫整理等因素，经向缩率为 5%，纬向缩率为 3%，结合衣片丝缕方向，实际样板规格见表 2-12。

二、结构制图

选择客户订单中的中间体 175/84A（M 码）作为成衣的中号规格，根据表 2-12 的样板规格进行制图。原型制图时采用样板规格。

（1）由于考虑腰部的整体设计，前、后裤片的省量分别调整为 2.5cm、3cm，前中撇势为 1cm。

（2）分割线位置的设定根据款式图设置，在位于侧缝上裆 1/2 处、中裆线下 7cm 处设置分割线，臀部分割线下裆位置不宜过宽，前后片下裆分割位置上下错位 1cm，前中线偏向下裆线 3cm 处设计纵向分割，通过中裆线后与侧缝线连顺。

（3）前膝片在侧缝处收两个褶，分别位于中裆线上 7cm 和中裆线下 1cm，采用剪切展开法获得，每个褶量为 2cm。

表 2-11　客户订单指示书

适用订单号：10041/02	生产企业名称：江苏 × × 有限公司	交期：2010/5/14	客户编号：KIDS-516-H
款号：kl-100068	名称：男装线卡贴袋长裤		
面料：棉 60/2 × 60/2 144 × 76	大货交期：2010/7/14		

规格表　　　　单位：cm

规格　部位	165/76A XS	170/80A S	175/84A M	180/88A L	185/92A XL	档差	公差
腰围（A）	76	80	84	88	92	4	±1
臀围（B）	98	102	106	110	114	4	±1
上档（C）	27	28	29	30	31	1	±0.5
前档弧长（D）	31.8	33	34.2	35.4	36.6	1.2	±0.5
后档弧长（E）	39.3	40.8	42.3	43.8	45.3	1.5	±0.5
膝围（F）	45.4	46	46.6	47.2	47.8	0.6	±0.6
脚口围（G）	43.4	44	44.6	45.2	45.8	0.6	±0.6
拉链长（H）	17.2	18	18.8	19.6	20.4	0.8	±0.2
裤长（I）	98	101	104	107	110	3	±1

款式图（含正面、背面）：

要求：
1. 针距：7.5 针／英寸；2. 前档弧拉链位至少要有暗线而且暗线一定要到纽牌缉线上，缉线不能外露；3. 前门襟上封结缉线宽度要绝不可以超过串带宽度，串带头前方有 0.5~1cm，腰头不能扭，腰口要顺直，安全，后育克左右缝洗水后车在洗水唛下方约 0.5cm 处；5. 前档缝、后档缝，后档缝腰底位要直；6. 后档缝腰后用衣架夹住腰头和脚口，平放方式：7. 折叠方式：两条裤腿向后折对折至腰口，内夹防潮纸；8. 挂牌位置：尺码唛上，用环型胶针穿起；条码唛入箱。

备料：H0903-E 线卡 100% cotton 60/2 2144 × 76 幅宽 142cm，单耗 126cm；无纺黏合衬：幅宽 110cm，单耗 23cm；配色 204 缝纫线：中性塑料袋

客供：14mm 两件裤扣工字纽 2+1（备用）个，时尚和个性化树脂纽扣 14mm2+1（备用）个；拉链 ct4.5 艺术 YGC 拉头带锁 1 条，主唛、品牌标签、尺码唛 1 条、洗标聚螺纹环扣、条码标、价格标签各 1 套

款式说明：
此款为男装线卡贴袋长裤，休闲款，腰臀合体，收省：偏门襟、装拉链、裤片设有纵向弧形分割线，侧缝部略前突，膝部略打双褶，上档中档缝处打双褶，上档部位无侧缝拼接；左右各一个带袋盖风琴袋

表 2–12　男装线卡贴袋长裤样板规格表　　　　　　　　　单位：cm

规格部位号型	腰围（W）	臀围（H）	上档	前档弧长	后档弧长	膝围	脚口围	前门拉链长	裤长
175/84A	88.2	109.2	30.5	35.6	44	48	46	19.4	109.2

（4）门襟为不对称设计，门襟左倾 1/4，腰口顺直。由于前门装拉链，故里襟需从门襟下口至腰口修正补成直线。串带 5 个，每个宽 0.8cm，后中串带与后档缝双线对齐，两侧串带左右对称。

（5）侧缝风琴贴袋尺寸为 17cm×20cm ，袋盖高 5cm，风琴褶宽 2cm，袋底位于中档线下 6cm 。

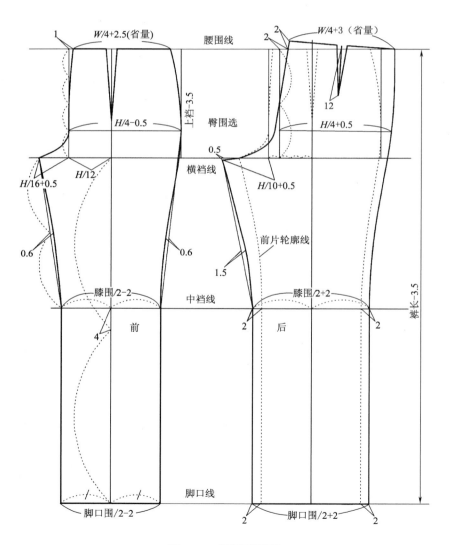

图 2–62　裤原型制图

（6）脚口卷边 2.5cm。

（7）缝头：腰头压裤身，后裆缝左压右。

利用裤装样板规格原型制图后，采用分割转移法完成给定款式结构设计。

原型制图如图 2-62 所示，结构图如图 2-63 ~ 图 2-67 所示。

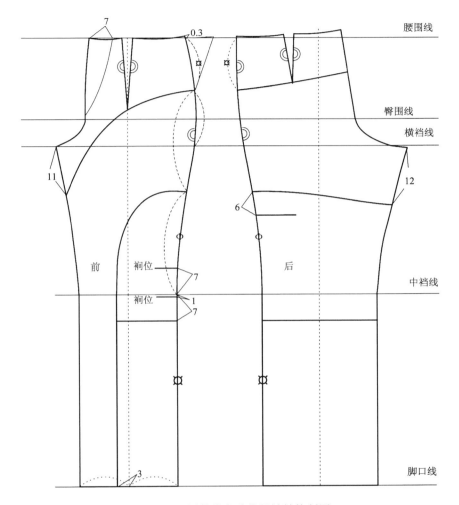

图 2-63　男装线卡贴袋长裤结构制图

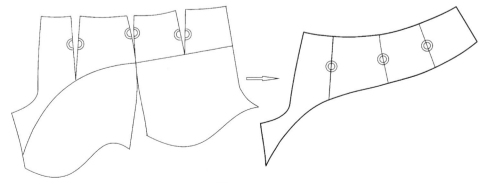

图 2-64

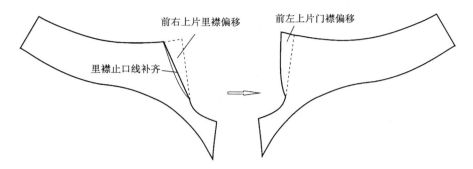

图 2-64　男装线卡贴袋长裤前上片制图

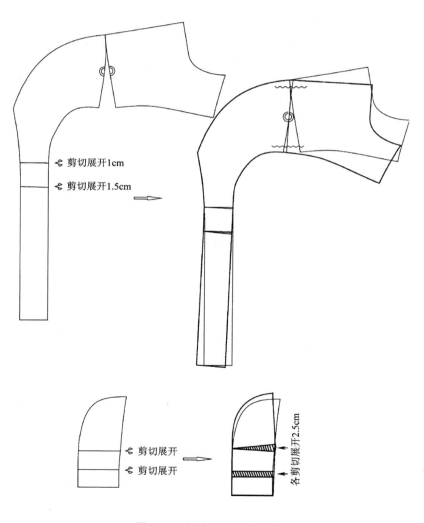

图 2-65　裤身前片结构变化

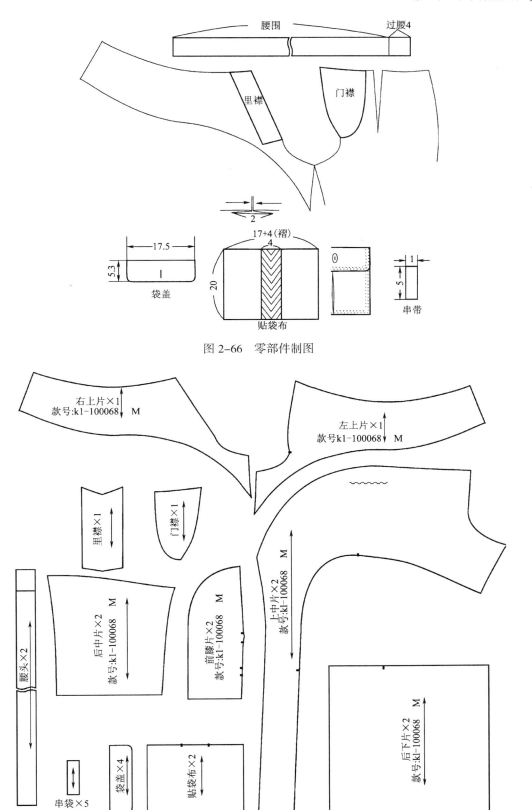

图 2-66 零部件制图

图 2-67 男装线卡贴袋长裤净样图

三、结构图审核

结构制图完毕，应对结构图进行审核。审核内容包括结构图的吻合性、规格的一致性及结构图的完整性。

（1）结构图的吻合性。观察结构图（纸样）与样品是否相符（型与结构），细部造型结构与实物是否能够吻合，检查主要部位的结构线是否吻合。

（2）规格的一致性。审核结构图规格与成品规格是否一致，是否考虑了成衣工艺要求，审核纸样相关规格与款式特点是否相适应。

（3）结构图的完整性。结构图是否全面、完整，是否包括任何的细节部分。

四、制作面料裁剪样板

（1）根据净样板放出毛缝，腰口、侧缝、分割缝一般放缝为1cm，脚口放缝为4cm，门襟止口放缝0.7cm。

（2）本款前后裆缝左片放缝1.3cm，右片放缝0.7cm。

（3）袋盖放缝0.5cm。

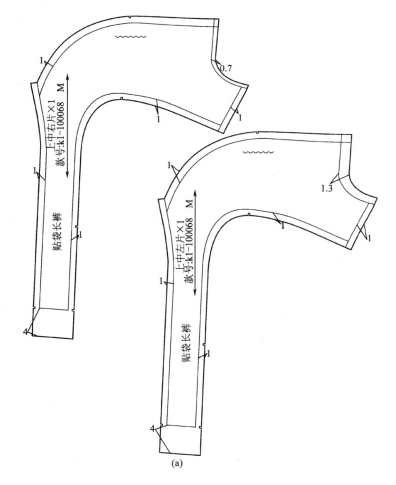

(a)

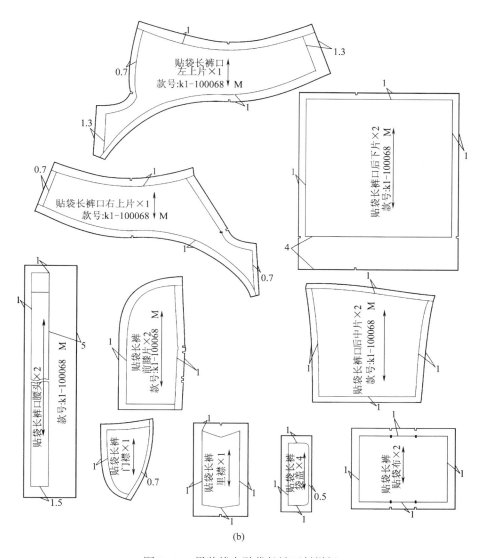

图 2-68　男装线卡贴袋长裤面料样板

　　裤装样板的放缝并不是一成不变的，其缝份大小可以根据面料、工艺处理方法等的不同而发生相应的变化，放缝时转角处毛缝均应保持直角。需要注意的是，缝的类型和缝头的倒向会影响缝份的大小，如包缝的内外片的缝份，两个裁片缝份一大一小，大缝份比小缝份多 0.5~ 0.6cm，本款后裆为倒缝，但腰口要求串带与裆缝线迹对齐，也需要做缝份偏移处理。

　　另外，样板上还应标明款式名称、丝缕线和该款服装的成品规格或号型规格，写上裁片名称和裁片数量，并在必要的部位打上对位剪口。如有款式编号，也应在样片上标明。面料裁剪样板及文字标注如图 2-68 所示。

五、制作衬料裁剪样板

衬料裁剪样板是在面料裁剪样板（毛板）的基础上，进行适当调整而得出。衬料样板要比面料的毛样板稍小，一般情况下每条缝分别小 0.3cm，这样便于黏合机粘衬。

衬料样板同面料、里料样板一样，要做好丝缕线及文字标注，如图 2-69 所示。

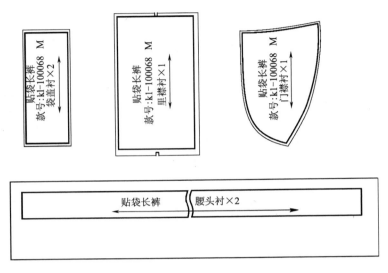

图 2-69　男装线卡贴袋长裤衬料样板

六、制作工艺样板

工艺样板的选择和制作如图 2-70 所示。

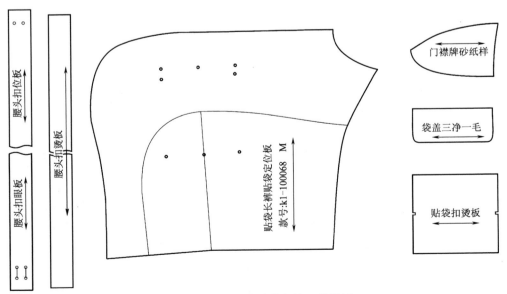

图 2-70　男装线卡贴袋长裤工艺样板

（1）贴袋定位板。贴袋定位板的外止口净缝。

（2）袋盖工艺板。袋盖工艺板的外止口是净缝，袋口是毛缝。

（3）贴袋扣烫工艺板。贴袋扣烫工艺板的外止口是净缝，袋口毛缝。

（4）门襟牌。一般使用铁砂纸制作，左侧门襟缉线时使用，门襟牌为净缝。

（5）扣眼位样板。扣眼位样板是用来确定扣眼位置的，因此止口边应该是净缝，扣眼的两边锥孔，锥孔时注意应在实际的扣眼边进 0.2cm。

七、样板复核

虽然样板在放缝之前已经进行了检查，但为了保证样板准确无误，整套样板完成之后，仍然需要进行复核，复核包括以下内容：

（1）缝合边的校对。腰围线设置一定的缝缩量（约为 0.5cm），以符合体型需要；通常两条对应的缝合边的长度应该相等。另外还要校对分割弧线设置是否合理，要缝合的弧线是否吻合。

（2）样板规格的校对。样板各部位的规格必须与预先设定的规格相等，在裤装样板中主要是校对裤长、腰围、臀围、中裆、脚口、前后裆等部位尺寸。

（3）根据客户订单检验。首先必须检验样板的制作是否符合款式要求；然后检验样板是否完整、是否齐全。

（4）里料样板、衬料样板、工艺样板的检验。检验里料样板、衬料样板的制作是否正确，是否齐全，是否符合要求。工艺样板一般要等试制样衣之后，由客户确认没有问题的情况下再制作，然后确认其是否正确。

（5）样板标记符号的检验。检验样板的剪口是否做好，应有的标记符号，如裁片名称、裁剪片数、丝缕线、款式编号、规格等是否在样板中已标注完整，是否做好样板清单。

八、服装成衣展示

服装成衣展示如图 2-71 所示。

图 2-71　男装线卡贴袋长裤成衣展示

实训九 鱼尾裙制板

一、技术资料分析

表 2-13 为客户订单指示书，要求根据款式图制出样板并试制样衣。

1. 服装款式图分析

此款为喇叭型鱼尾裙，前后片均设有育克，育克为直丝缕，前后中心线为裙片分割线；腰头背面有贴边，育克的前中部位设计分割片，并开 10 个圆孔，穿一根编织绳带；裙装下摆呈波浪形展开，下摆为 45° 斜丝缕；左侧缝装隐形拉链。

2. 服装工艺分析

（1）底边设计折边，表面压 2cm 宽的明线，明线宽窄一致。

（2）腰头有贴边，贴边下端滚边做光，腰头表面压 0.6cm 明线，明线宽窄一致。

（3）左侧缝上端装隐形拉链，装拉链后使腰侧部位平整，不起皱。

（4）前中拼接裁片做 10 个内径为 4mm 的圆孔，孔内穿一根编织绳。

（5）腰头后中内侧钉品牌标与尺码标。

3. 样板尺寸制订

为了保证最终成衣规格在客户接受的公差范围内，利用面料样进行水洗测试，综合考虑缝制熨烫整理等因素，经向缩率为 5%，纬向缩率为 3%，结合衣片丝缕方向，实际样板规格见表 2-14。

二、结构制图

根据客户订单指示书的要求进行制图。制图时采用净腰围为 68cm、净臀围为 90cm 的裙原型，如图 2-72 所示。

（1）由于原型制图时臀围尺寸加放量为 4cm，该款裙子 M 码臀围的样板规格为 96cm，需在原型的基础上加放 2cm 的松量。根据裙子前后片臀围的分配原则，在前后裙片的基础上各加放 0.5cm 的松量。

（2）此款裙子腰部设计育克，前后中心线为分割线，故将原型省量的一半转移至前后中心线和侧缝，一半转移至育克线，如图 2-72 所示。

（3）为达到裙装下摆呈展开效果，下摆采用切展的方法，通过增加切展量满足下摆尺寸，如图 2-73、图 2-74 所示。

表2-13　客户订单指示书

款号：FS-100514　　名称：鱼尾裙　　原产地：××　　生产工厂：×× 服装公司

款式图（含正面、背面）

规格表　　　　　　　　　　　　　　　　　单位：cm

编号	部位	货号	S	M	L	XL
A	裙长		68	70	72	74
B	腰围		64	68	72	76
C	臀围		91	95	99	103
D	摆围		230	234	238	242
E	拉链长（中心线）		17.5	18	18.5	19
F	下摆高（中心线）		15	15.5	16	16.5
G	下摆高（侧缝线）		21.5	22	22.5	23
H	育克高（后中心）		17.5	18	18.5	19

	进货公司	货号	颜色	规格	用量	面料贴样
面料	××		C#26	112×55	1.94m	
里料	××	3032	C#571	122×50	0.74m	
衬料	××				0.08m	
拉链	××	02/cc	C#571	22cm	1条	
气眼	××	SE200	C#10	4mm	10个	
绳带	××	610	A-3		0.9m	
商标	内供			1.5×6	1个	
品质标	内供				1个	

缝制说明：
1. 前中拼接裁片做10个内径为4mm的圆孔，孔内第一根编织绳
2. 前后育克纱线方向为直丝，其余拼片的纱线方向为45°
3. 明线宽窄一致
4. 按工艺分解图示样缝合固定商标、洗标、尺码标

裁剪	裁片				
	面料	里料	衬料	配料	合计
裁片	12	2			14
裁片重叠	可以	不可以			
对条对格	要	不要			
面料方向	顺毛	倒毛	其他		
花纹方向	有	无			
	纵	横	cm	个	
扣眼	纵	横	cm	个	
钉扣方法	机器	手工			

缝份： 1.2cm：前中、后中、侧缝　3cm：底边

针距： 暗缝线：15针/3cm　明线：13针/3cm

明线： 底边：2cm　其他：0.6cm

表 2-14　鱼尾裙样板规格表　　　　　　　　　　　　　　　单位：cm

规格　部位 号型	裙长	腰围（W）	臀围（H）	摆围
160/68A	76	69	96	235

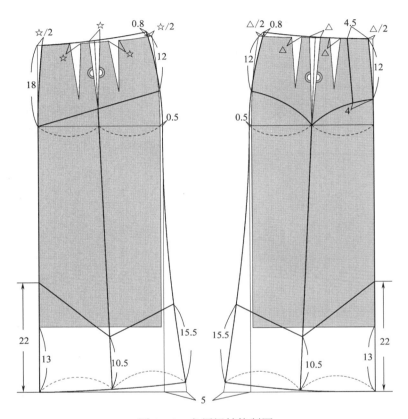

图 2-72　鱼尾裙结构制图

三、结构图审核

（1）观察纸样、各部位的结构线与样品是否相符。

（2）核对各部位的尺寸与样板尺寸要求是否吻合。

（3）检查各拼接缝是否圆顺。

四、制作面料裁剪样板

（1）根据客户订单指示书的放缝要求，在净样板基础上给各部位放缝份。前后中心线、侧缝线、分割线均放 1.2cm，腰围线放 1cm，底边放 3cm。

（2）在样板上标明款式名称、款式编号、丝缕线、号型规格、裁片名称、裁片数量，

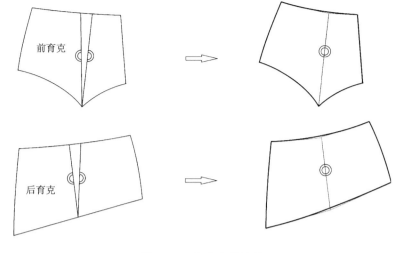

图 2-73　育克省道转移

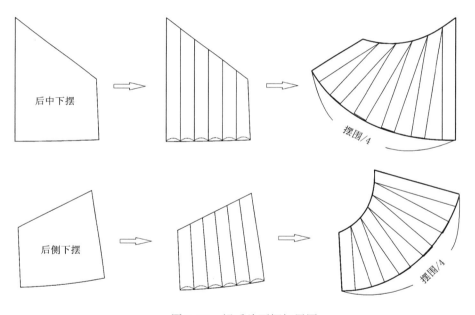

图 2-74　裙后片下摆切展图

并在必要的部位打上对位剪口，如图 2-75 所示。

前片下摆的切展与后片下摆相同，可参照后片下摆的切展步骤进行操作。

五、服装成衣展示

服装成衣展示如图 2-76 所示。

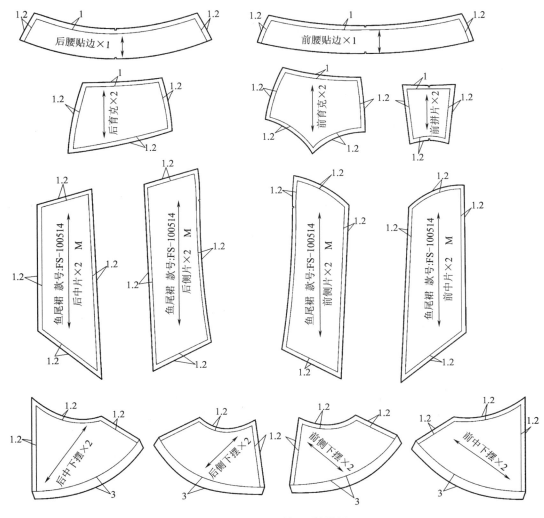

图 2-75　鱼尾裙面料样板

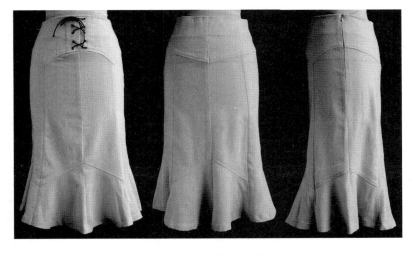

图 2-76　鱼尾裙成衣展示

第三章 驳样制板实训

课题名称： 驳样制板实训。

课题内容： 在教师指导下完成样衣分析、尺寸测量、服装款式图绘制、样衣生产指示单制订、服装制板、样衣试制及样板修改等工作。

课题时间： 20学时。

教学目的： 1.根据样衣，会分析服装的结构特点和工艺特点，能测量出服装的规格尺寸并能绘制服装款式图。

2.根据分析结果，能制订样衣生产指示单。

3.遵守技术规范，会运用专业打板工具制作样板。

4.缝制试样，能检查及修改样板。

教学方式： 采用讲授、演示、小组合作、教师指导等多种方式。

教学要求： 1.教学场地须为打板与缝制为一体的一体化教室，且配备多媒体教学设备及制板桌、缝纫机、人台、熨斗、工作台等。

2.由学生自备直尺、三角尺、服装专用曲线尺、梭芯、梭壳、缝纫线、铅笔及笔记本等。

课前准备： 1.学生准备样衣、服装面料、辅料、衬料及打板纸。

2.教师准备工作任务单、有关学习材料、报告单、评价表及教学课件等。

实训任务： 每组收集若干服装样衣，并从中选择一款，完成如下内容：

1.分析服装款式、服装结构及服装工艺特点。

2.测量服装各部位尺寸。

3.绘制服装款式图。

4.设计样板尺寸。

5.编制样衣生产指示单。

6.选择中间体号型（160/84A）作为成衣的中号（M）规格，打制样板并试制样衣。

7.做好工作过程记录，填写报告单并准备PPT汇报交流。

实训十　双排扣女外套制板

如图 3-1 所示为双排扣女外套样衣图，要求根据样衣制出样板并试制样衣。

图 3-1　双排扣女外套样衣图

一、描述款式特征

此款为双排扣女外套，关门领，较合体，收腰。肩部设有斜向分割线，腰部设有横向分割线，衣身设有纵向弧形分割线，前衣身腰部以下弧形分割处收三个褶，后衣身腰部分割处有碎褶；全夹里，两片袖，装袖克夫，袖口开衩，袖山及袖口处收褶。

二、绘制服装款式图

根据所描述的款式特征，绘制服装款式图，款式图绘制步骤如图 3-2 所示。

三、样衣尺寸测量

样衣尺寸测量如图 3-3 所示。将测量好的样衣部位规格尺寸填写在尺寸表中，规格尺寸表应含有主要部位名称、规格尺寸、号型等，见表 3-1。

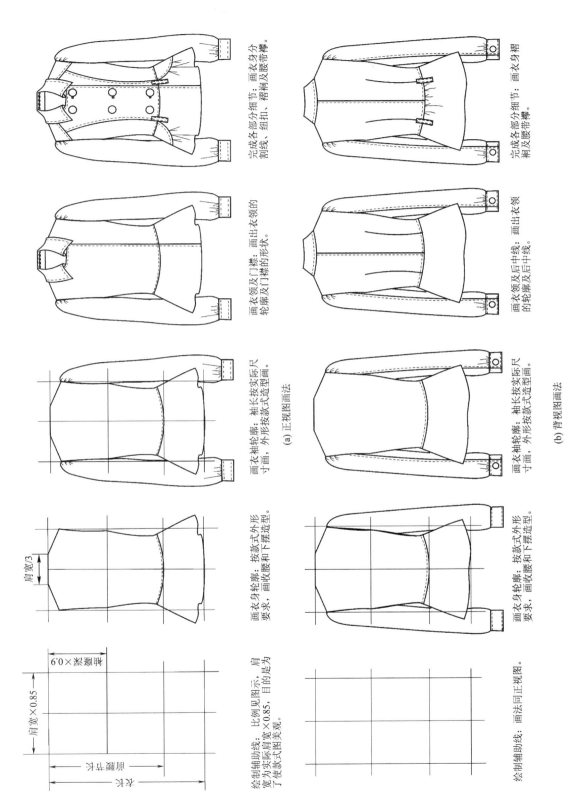

肩宽×0.85

肩宽/3

绘制辅助线：比例见图示，肩宽为实际肩宽×0.85，目的是为了使款式图美观。

画衣身轮廓：按款式外形要求，画收腰和下摆造型。

画衣身袖轮廓：袖长按实际尺寸画，外形按款式造型画。

画衣领及门襟：画出衣领及门襟的形状。

完成各部分细节：画衣身分割线、褶裥、纽扣、褶裥及腰带襻。

(a) 正视图画法

绘制辅助线：画法同正视图。

画衣身轮廓：按款式外形要求，画收腰和下摆造型。

画衣身袖轮廓：袖长按实际尺寸画，外形按款式造型画。

画衣领及后中线：画出领的轮廓及后中线。

完成各部分细节：画衣身褶裥及腰带襻。

(b) 背视图画法

图 3-2 双排扣女外套款式图绘制

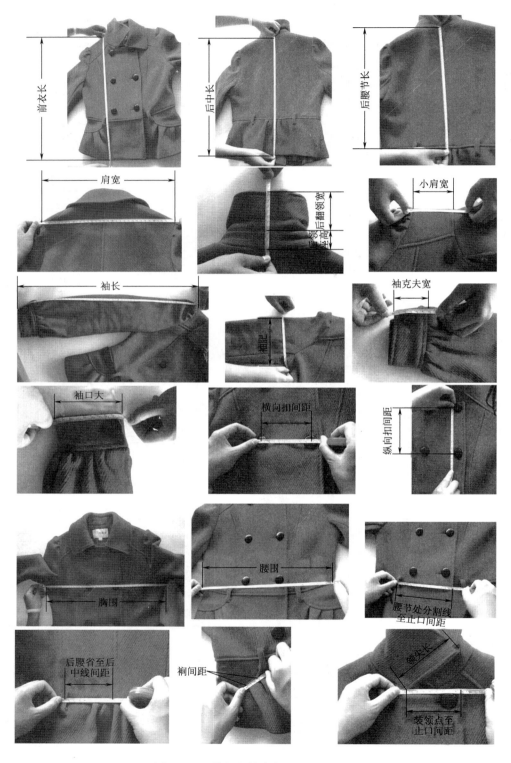

图 3-3　双排扣女外套主要尺寸测量图

表 3-1 双排扣女外套样衣测量尺寸表（160/84A） 单位：cm

部　位	尺　寸	测　量　方　法
前衣长	58	前侧颈点量至底边
后中长	53	后领中心点量至底边
后腰节长	36.5	后领中心点量至后腰节处
胸围 /2	47	袖窿腋下点平量
腰围 /2	40	前腰节处平量
肩宽	36	左右肩端点平量
小肩宽	9.5	侧颈点至肩端点处平量
袖长	60	袖山顶点量至袖口（含袖克夫宽）
袖口大	12	袖口放平直量
袖肥	17	袖腋下点向袖中线垂直量
袖克夫宽	5	袖口至装袖克夫线直量
后翻领宽	7.5	领后中心线处量
后领座高	3.3	领后中心线处量
领尖长	10.5	装领点至领外围止口线处量
纽扣直径	2.5	
袖衩开口长	6	装袖克夫线量至开衩止点
纵向扣间距	13	纵向扣与扣之间直量
横向扣间距	10	横向扣与扣之间直量
后腰省间距	18	后腰节处直量
裥间距	3.5	裥与裥之间的距离
装领点至止口距离	8.5	前领口处量
后领贴宽	7	后中线处量
肩育克宽	10	袖窿处量
肩育克宽	6.5	领口处量
后腰省长	18	后腰节处量
前片纵向分割线间距	18	前腰节处量

四、服装工艺分析

衣领、门襟止口、肩部分割线、腰部分割线、纵向弧形分割线、袖克夫处各缉 0.6cm 明线，无口袋，前衣身腰部以下弧形分割处收三个褶，后衣身腰部分割线处收均匀碎褶；袖山收五个褶，袖口收碎褶。领座与翻领合缝处缝份分开，上下各缉 0.1cm 明线。右门襟锁圆头眼三只，钉三粒扣；左门襟锁圆头眼两只，钉三粒扣，衣身反面挂面处钉两粒扣。

五、编写样衣生产指示单

样衣生产指示单是服装制板和样衣制作部门的重要依据之一，样衣生产指示单包含的内容有：款号、名称、下单日期、完成日期、款式图、款式说明、规格尺寸及测量部位、工艺说明、成品要求及辅料说明等。

根据本款样衣分析结果，按服装生产工艺文件格式编写样衣生产指示单，见表 3-2。

表3-2 双排扣女外套样衣生产指示单

款号：100409		
下单日期：2010.04.03	名称：双排扣女外套	
	完成日期：2010.04.15	

款式图（含正面、背面）：

规格表

单位：cm

部位	规格	150/76A XS	155/80A S	160/84A M	165/88A L	170/92A XL	档差	公差
衣长（A）		55	56.5	58	59.5	61	1.5	±0.8
胸围（B）		86	90	94	98	102	4	±0.8
腰围（C）		72	76	80	84	88	4	±0.5
肩宽（D）		34	35	36	37	38	1	±1
袖长（E）		57	58.5	60	61.5	63	1.5	±1.5
袖口阔（F）		22	23	24	25	26	1	±1.5

工艺说明：

领；门襟止口、肩部分割线、腰部分割线、纵向弧形分割线，袖克夫止口处各缉0.6cm明线，无袋，前衣身腰部以下弧形分割处收均匀碎褶，后衣身腰部分割处收均匀碎褶；袖山收五个褶，袖口收碎褶。领座与领面合缝处缝头歪分开，上下各缉0.1cm明线。右门襟锁圆头带眼三个，钉三粒扣；左门襟锁圆头带扣两个，钉三粒扣；右衣身反面挂面处钉第一、第三组位处各钉一粒扣

成品要求：

外形前后方正、袖子山头圆顺，前后一致，缝份挺直，没有水花和极光，防止烫黄变色。样衣要求缝线平整，缉线宽窄一致，整洁，无污迹，无线头

面料：薄型混纺花呢面料150cm，幅宽144cm

辅料：配色美丽绸120cm，幅宽110cm；有纺黏合衬100cm，幅宽110cm；防伸衬4m；树脂纽扣25mm6+1（备用）料、树脂纽扣18mm2+1（备用）料：18mm塑料纽扣2料，配色缝纫线；商标、洗水标

款式说明：

此款为双排扣女外套。关门领、较合体、收腰。肩部设有斜向分割线，腰部设有横向分割线。衣身设有纵向弧形分割线，前衣身腰部以下弧形分割处收三个褶，袖口开衩，袖山及袖口处收褶裥分割线，衣身设有纵向弧形分割线，前衣身腰部以下弧形分割处收均匀碎褶，袖山及袖口处收褶裥

六、样板尺寸制订

该款服装为常规生产方式，衣长、袖长、胸围、臀围均考虑 1cm 的缩率，肩宽考虑 0.5cm 的缩率。那么实际的制板前衣长为 59cm、后中长 54cm、袖长为 61cm、胸围为 95cm、肩宽为 36.5cm。由于腰围部位在工艺制作中一般都容易偏大，通常制板的规格要在成衣规格的基础上减去 1cm，如果面料的结构较松，则减去的量要适当增加，此款面料为花呢面料，结构较松，因此腰围在成品规格的基础上减去 2cm，实际制板规格为 78cm。160/84A 双排扣女外套的样板规格见表 3-3。

表 3-3　双排扣女外套样板规格表　　　　　　　　　　　单位：cm

规格　　部位 号型	前衣长	后中长	胸围（B）	腰围（W）	肩宽（S）	袖长（SL）	袖口大
160/84A	59	54	95	78	36.5	61	12

七、结构制图

选择国家号型标准中的中间体 160/84A（M 码）作为成衣的中号规格，根据表 3-3 的样板规格进行制图。制图时采用净胸围为 82cm 的原型。

（1）由于原型已加 10cm 松量，该款服装 M 码胸围的样板规格为 95cm，只需再增加 3cm 松量，前片增加 1cm，后片增加 0.5cm。

（2）分割线位置的设定应根据款式图设置，并做好省道合并，画顺弧线。

（3）前衣身腰部以下弧形分割处收三个褶，采用剪切展开法获得，每个褶量为 2cm。

（4）挂面在肩缝处为 4cm，由于是双排扣，挂面离止口较宽，双排扣间距为 10cm，搭门为 2cm，挂面宽应大于双排扣宽度，并加一定余量，因此挂面离止口的尺寸可定为 13.5（10+2+1.5）cm。

（5）由于后片为无肩省造型，后肩线比前肩线长 0.5cm 作为后肩线的吃势，以吻合肩胛骨的突起。

（6）为了准确把握衣袖的袖山高与衣身袖窿的关系，合理设置袖山吃势量，使袖山弧线与衣身的袖窿弧线相协调，衣袖制图在袖窿基础上完成。这种方法还能使衣身在袖底部的袖窿弧线与袖子的袖底弧线完全一致，使衣袖在袖底无堆积量，形成良好的外观效果。该款衣袖为两片袖，袖山有褶裥，可采用剪切展开法抬高袖山加入褶量。此外，还要调节好袖山弧线上的对位刀口与衣身袖窿弧线上的对位刀口的平衡。

（7）在衣领制图中，为了使完成后的衣领合体，将领面分割出一部分作为领座，采用剪开折叠法修改领座，减小翻折线的长度。

双排扣翻领女外套的制图如图 3-4 ~ 图 3-9 所示。

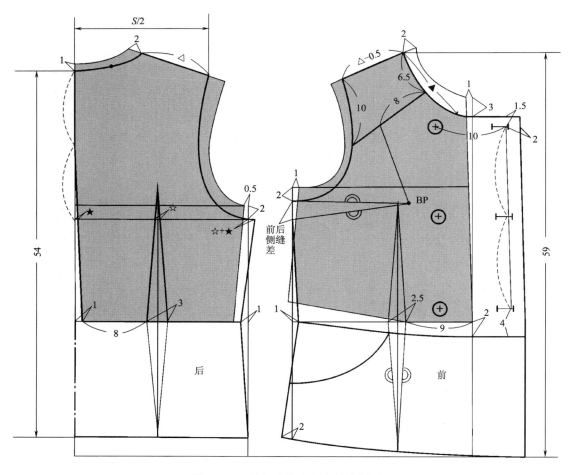

图 3-4　双排扣女外套衣身结构制图

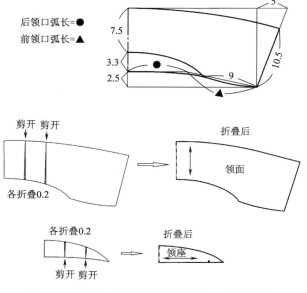

图 3-5　双排扣女外套衣领结构制图及结构变化

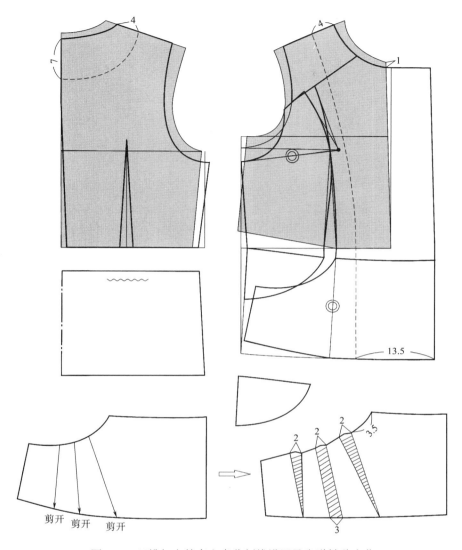

图 3-6　双排扣女外套衣身分割线设置及省道转移变化

八、结构图审核

结构制图完毕，应对结构图进行审核。审核内容包括结构图的吻合性、规格的一致性及结构图的完整性。

（1）结构图的吻合性。观察结构图（纸样）与样品是否相符（型与结构），细部造型结构与实物是否能够吻合，检查主要部位的结构线是否吻合。

（2）规格的一致性。审核结构图规格与成品规格是否一致，是否考虑了成衣工艺要求，审核纸样相关规格与款式特点是否相适应。

（3）结构图的完整性。结构图是否全面、完整，是否包括任何的细节部分。

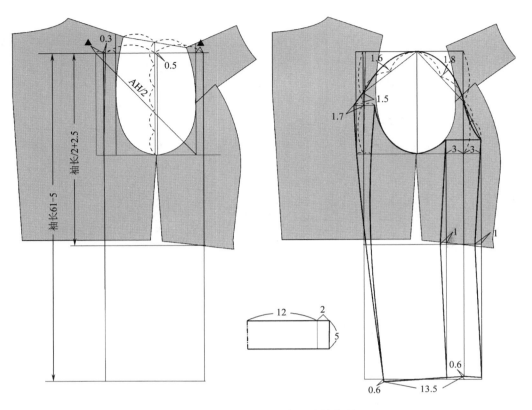

图 3-7　双排扣女外套衣袖结构制图

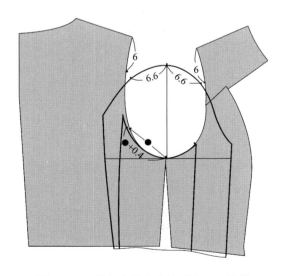

图 3-8　双排扣女外套衣袖对位刀口设置

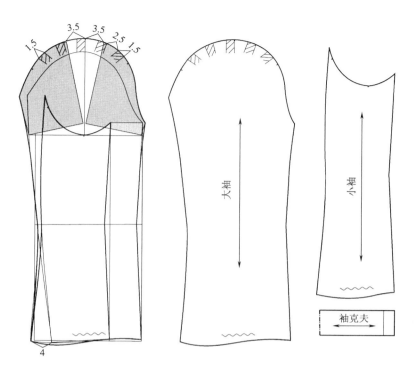

图 3-9　采用切展法增加袖山高及袖山褶量

结构图的审核如图 3-10、图 3-11 所示。

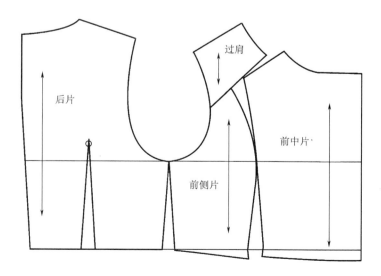

图 3-10　检查规格尺寸

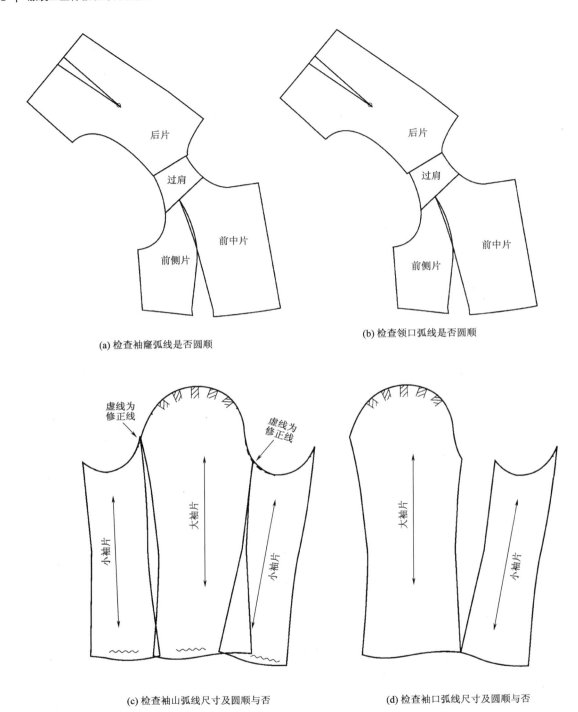

(a) 检查袖窿弧线是否圆顺

(b) 检查领口弧线是否圆顺

(c) 检查袖山弧线尺寸及圆顺与否

(d) 检查袖口弧线尺寸及圆顺与否

图 3-11　检查结构图相关部位是否吻合

九、制作面料裁剪样板

（1）根据净样板放出毛缝，衣身样板的侧缝、分割缝一般放 1.2cm，肩缝、后中放 1.5cm，袖窿、领口、止口处一般放 1cm，底边一般放 4cm。

（2）衣袖放缝同衣身，袖山弧线放缝 1cm，内外侧拼缝放缝 1.2cm，袖口放 4cm。

（3）挂面在肩缝处宽 4cm，双排扣的挂面止口以钉扣能钉到挂面为准（约 12 ~ 14cm），本款服装挂面止口处宽 13.5cm。挂面除底边放 4cm 外，其余各边放 1cm。

（4）领里在领外围线和领角去掉 0.2cm 后四周放 1cm；领面在领角和止口线加入存量后四周放 1cm。

上衣样板的放缝并不是一成不变的，其缝份大小可以根据面料、工艺处理方法等的不同而发生相应的变化。需要注意的是，相关联部位的放缝量必须一致，如衣身的领口和袖窿的缝份是 0.8cm，那么衣领的领口线和衣袖的袖山弧线缝份也必须是 0.8cm。放缝时转角处毛缝均应保持直角。

另外，样板上还应标明款式名称、丝缕线和该款服装的成品规格或号型规格，写上裁片名称和裁片数量，并在必要的部位打剪口，如有款式编号，也应在样板上标明。

面料裁剪样板及文字标注如图 3-12 ~ 图 3-15 所示。

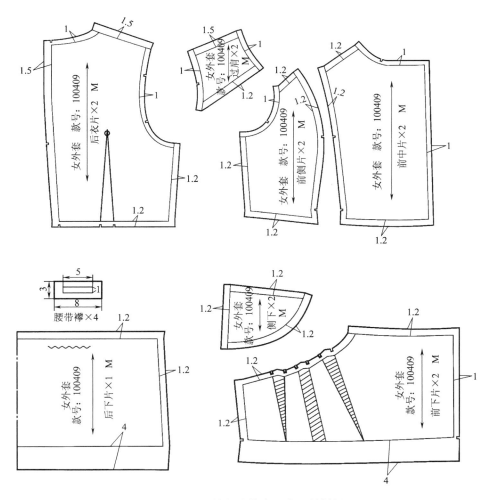

图 3-12 双排扣女外套衣身面料样板

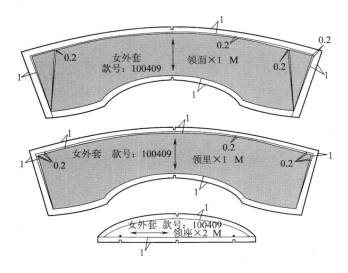

图 3-13　双排扣女外套衣领面料样板

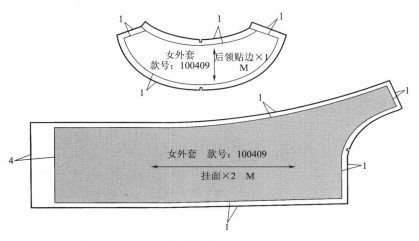

图 3-14　双排扣女外套挂面及后领贴边面料样板

十、制作里料裁剪样板

里料裁剪样板的制作要符合内外层结构的吻合关系。内外层结构吻合的原则是内层（衬料、里料、填充料）结构必须服从外层（面料）结构，即内层材料不能牵扯外层材料的动态变形，不能影响服装的静态外观。因此，当外层结构决定后，内层材料要达到与之吻合的效果。大多数情况下，内层材料与外层材料的结构形式应相同，或者结构形式虽不完全相同，但各部件的尺寸基本相同。当外层材料分割线较多时，内层材料为求加工方便则可减少分割线，保证部位尺寸基本相同即可。

里料裁剪样板及文字标注如图 3-16 所示。为了避免穿着时里料对面料的牵扯，成衣的里要比面松，所以里料样板需比面料样板稍大。此外，里料的省量比面料的省量稍小。

（1）后片里料样板制作。将后衣片上下片样板合并，后片领口抬高 0.2cm，肩缝在肩

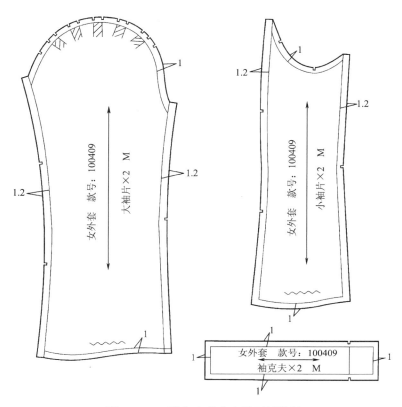

图 3-15 双排扣女外套衣袖面料样板

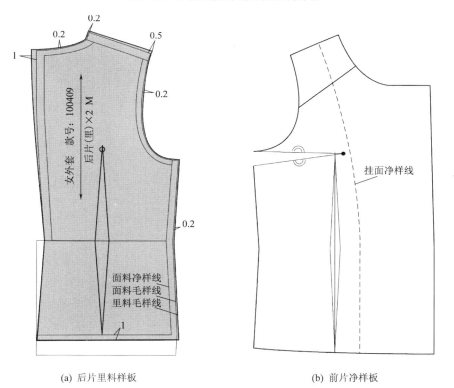

(a) 后片里料样板   (b) 前片净样板

图 3-16

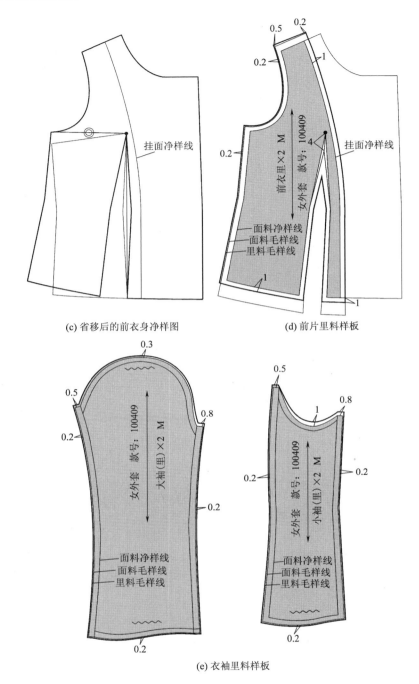

(c) 省移后的前衣身净样图　　(d) 前片里料样板

(e) 衣袖里料样板

图 3-16　双排扣女外套里料样板

点处放出 0.2 ~ 0.5cm 作为袖窿的松量；后片的后中线放 1.0cm 至腰节线；底边在面料样板底边净缝线的基础上下落 1cm，其余各边均放 0.2cm。

（2）前片里料样板制作。前片里料样板在面料净样板的基础上制作。将前片过肩、前中片、前侧片净样板拼合后形成完整的一片，进行省转移后形成如图 3-16（b）所示的纸样。去掉挂面宽后，在挂面净缝线的基础上放 1cm，肩缝同后片，在肩点处放出 0.5cm，底边在面料样板底边净缝线的基础上下落 1cm，其余各边放 0.2cm。

（3）大袖片在袖山顶点加放 0.3cm，小袖片在袖底弧线处加放 1cm，大小袖片在外侧袖缝线处抬高 0.5cm，在内侧袖缝线处抬高 0.8cm，内外袖缝线及袖口均放 0.2cm。

里料样板同面料样板一样，做上记号，标出丝缕方向，写上文字标注。

十一、制作衬料裁剪样板

衬料裁剪样板及文字标注如图 3-17 所示。衬料裁剪样板是在面料裁剪样板（毛板）

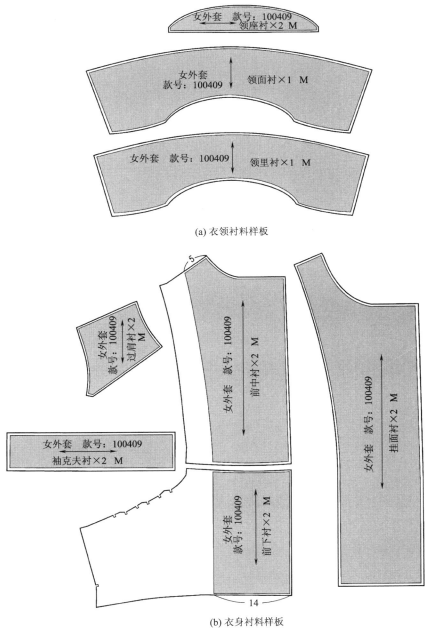

(a) 衣领衬料样板

(b) 衣身衬料样板

图 3-17　双排扣女外套衬料样板

的基础上进行适当调整而得出。衬料样板比面料样板稍小，一般情况下每条缝分别小0.3cm，这样便于黏合机粘衬。

（1）挂面、袖克夫、领面、领里、过肩整片粘衬；为了使服装做好后轻薄柔软，前片部分粘衬，同时可选择质地轻薄柔软的黏合衬。

（2）后片领口、袖窿可不粘，用牵条代替。

衬料样板同面料、里料样板一样，要做好丝缕线及文字标注。

十二、制作工艺样板

工艺样板的选择和制作如图3-18所示。

（1）衣领净样板。衣领在绱领前外止口已经夹好，因此衣领工艺板的外止口是净缝，领口是毛缝。

（2）袖克夫净样板。用来画袖克夫的净样线，以控制袖克夫的净长、净宽尺寸，四周都为净缝。

（3）扣眼位样板。扣眼位样板是在服装做完后用来确定扣眼位置的，因此止口边应该是净缝，扣眼的两边锥孔，锥孔时注意应在实际的扣眼边进0.2cm。

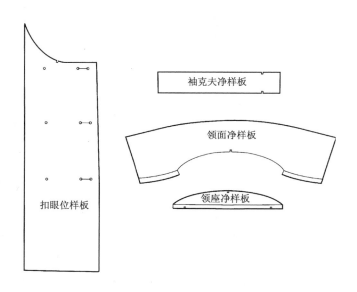

图3-18　双排扣女外套工艺样板

十三、样板复核

虽然样板在放缝之前已经进行了检查，但为了保证样板准确无误，整套样板完成之后，仍然需要进行复核，复核的内容包括以下几点：

（1）缝合边的校对。后片肩线要设置一定的缝缩量（约为0.5cm），以符合体型需要；

通常两条对应的缝合边的长度应该相等。另外还要校对绱袖时衣袖的吃势、绱领时的吃势是否合理，衣领的领下口弧线和衣身的领口弧线是否吻合。

（2）样板规格的校对。样板各部位的规格必须与预先设定的规格一致，在上衣样板中主要校对衣长、胸围、腰围、肩宽、袖长、袖口等部位尺寸。

（3）根据样衣进行检验。首先必须检验样板的制作是否符合款式要求；再者检验样板是否完整，是否齐全。

（4）里料样板、衬料样板、工艺样板的检验。检验里料样板、衬料样板的制作是否正确，是否符合要求。工艺样板一般要等试制样衣之后，由客户或设计师确认样板没有问题的情况下再制作，然后确认其是否正确。

（5）样板标记符号的检验。检验样板的剪口是否做好，应有的标记符号，如裁片名称、裁剪片数、丝缕线、款式编号、规格等是否在样板中已标注完整，是否做好样板清单。

十四、服装成衣展示

服装成衣效果如图 3-19、图 3-20 所示。

(a) 原样衣　　　　　　　　　　(b) 现样衣

图 3-19　双排扣女外套样衣正面展示

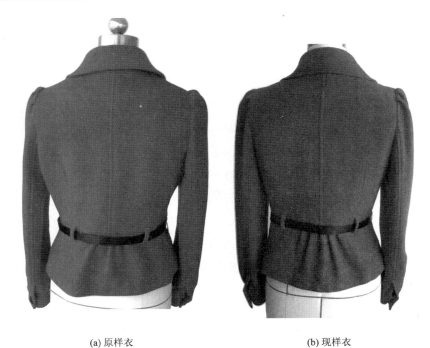

(a) 原样衣   (b) 现样衣

图 3-20 双排扣女外套样衣背面展示

十五、实训常见问题分析

在实训过程中，普遍存在以下问题：不能较好地控制服装规格尺寸，尤其围度尺寸，如胸围、腰围、摆围、袖肥等，如图 3-21 所示实训作业中，袖肥偏大，图 3-22 所示实

图 3-21 实训作业一

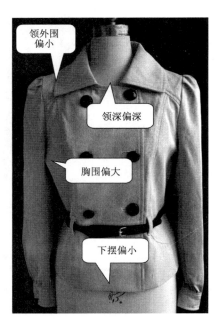

图 3-22 实训作业二

训作业中，胸围偏大，摆围偏小，领外围偏小；在裁剪缝制过程中，容易出现排料时衣片丝缕方向错误，绱袖对位不正确，如图 3-21 所示实训作业中，腰节以下前衣片丝缕裁错，左袖偏前，右袖偏后。

解决办法：在排料裁剪之前，做好样板复核工作，仔细核对样板各部位规格尺寸、文字标注、对位记号、丝缕方向等，样板与样板之间的尺寸匹配、结构图的吻合性等；在服装制作时，做好半成品检验，把问题消灭在萌芽状态。

针对图 3-21 及图 3-22 所示实训作业中出现的问题，将结构图作如下修改：领深减小 2cm，原图的领深在原型的基础上开深 3cm，经过修改后，领深在原型的基础上开深 1cm。下摆在原图的基础上加大 3cm，如图 3-23 所示。袖山深加大，使袖肥变小，如图 3-24 所示。

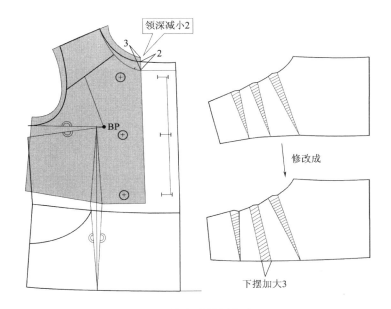

图 3-23 前衣片样板修改

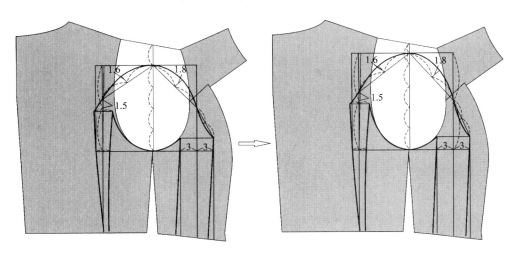

图 3-24 衣袖样板修改

修改衣领样板，将领外围线加大 1cm，同时，由于领深改浅，装领线相应变短，如图 3-25 所示。样板修改后，重新制作的样衣如图 3-26（a）所示，图 3-26（b）为原样衣。

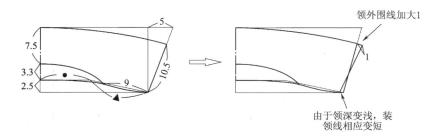

图 3-25　衣领样板修改

(a) 修改后的样衣　　　　　　　　　　　(b) 原样衣

图 3-26　修改后的样衣与原样衣对比效果

实训十一 花边领女衬衫制板

如图 3-27 所示为花边领女衬衫样衣图，要求根据样衣制出样板并试制样衣。

一、描述款式特征

此款为花边领女衬衫。前衣身左右收对称腋下省和胸腰省，连门襟，钉 4 粒扣；后衣身收对称胸腰省；双层下摆呈荷叶边波浪状；左右侧缝腰节处装腰带；后领口滚边，前领口装花边；一片式泡泡袖，开袖衩，袖衩口作圆弧形拼接，装袖克夫，钉一粒袖扣。

图 3-27 花边领女衬衫样衣

二、绘制服装款式图

根据所提供的样衣，绘制服装款式图，如图 3-28 所示。

三、样衣尺寸测量

图 3-29 为花边领女衬衫尺寸测量示意图，依据图示仔细测量各部位尺寸，将测量好的样衣部位规格尺寸填写在尺寸表中，规格尺寸表应含有主要部位、规格尺寸、号型等，见表 3-4 。

图 3-28　花边领女衬衫款式图

图 3-29　花边领女衬衫尺寸测量示意图

表 3-4　花边领女衬衫样衣测量尺寸表

单位：cm

代号	部　位	M(160/84A)	测量方法
A	前衣长	60	前侧颈点量至底边
B	胸围 /2	44	袖窿腋下点平量
C	腰围 /2	39	前侧颈点下 37cm 处平量
D	摆围 /2	45	侧缝底边处平量，分割线处量取
E	肩宽	37	左右肩端点平量
F	后领宽	24.4	左右后侧颈点平量
G	袖长	57.5	袖山顶点量至袖口（含袖克夫宽）
H	袖口大	11.5	袖口放平直量
I	袖克夫宽	2.5	袖口至装袖克夫线
J	领花边宽（肩缝处）	2.5	前侧颈点量至花边拼缝

续表

代号	部　　位	M(160/84A)	测量方法
K	领花边宽（前领口处）	7	前领深处量取
L	下摆花边宽（下层）	8.5	下层花边底边线量至拼缝线
M	下摆花边宽（上层）	5.5	上层花边底边线量至拼缝线
N	袖开衩长	4.5	装袖克夫线量至开衩止点
P	前腰省距	19	底边分割线处直量
Q	后腰省距	18	底边分割线处直量
R	腋下省长	10	省尖量至省端点
S	后领深	2.5	后侧颈点直量至后领深点
T	前领深	26	前侧颈点直量至前领深点
	搭门宽	1.8	前中心线量至门襟止口
	纽扣直径	1	
	腰带长	72	腰带端点间直量
	领口抽带长	68	抽带端点间直量

四、服装工艺分析

（1）针距：12~13针/3cm。

（2）挂面、袖克夫烫无纺黏合衬。

（3）侧缝、装下摆分割处、袖窿、袖开衩分割处、前领口处拷边（即锁边、包边、包缝），领花边上口、双层下摆花边均密拷。

（4）领口、袖口、门襟止口缉0.1cm明线；袖山、袖口收碎褶，褶量分布均匀，袖克夫钉1粒扣；门襟锁平头眼4个，里襟钉4粒扣；后衣片左右各收一个省道，省道倒向侧缝；腰部侧缝处固定腰带；领花边左右各开8个气眼，穿抽带。

（5）领标与尺码标订在后领居中，洗水标订在左侧缝线，距底边12cm。

成品要求：样衣要求缝线平整，缉线宽窄一致，整洁，无污迹，无线头。花边领女衫衬工艺分析图如图3-30所示。

五、编写样衣生产指示单

样衣生产指示单是服装制板和样衣制作部门的重要依据之一，样衣生产指示单包含的内容有：款号、名称、下单日期、完成日期、款式图、款式说明、规格尺寸及丈量部位、工艺说明、成品要求及辅料说明等。

根据本款样衣分析结果，按服装生产工艺文件格式编写样衣生产指示单，见表3-5。

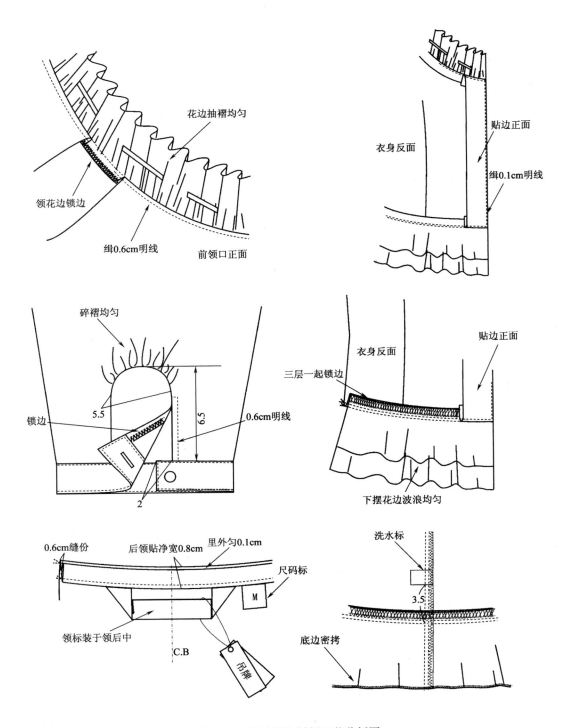

图 3-30　花边领女衬衫工艺分析图

表3-5 花边领女衫衬衣生产指示单

款号：FS-100428A　　名称：花边领女衫衬衫

下单日期：2010.04.28　　完成日期：2010.05.05

款式图（含正面，背面）：

规格表

单位：cm

规格　部位	150/76A XS	155/80A S	160/84A M	165/88A L	170/92A XL	档差	公差
衣长（A）	57	58.5	60	61.5	63	1.5	±0.8
胸围（B）	80	84	88	92	96	4	±0.8
腰围（C）	70	74	78	82	86	4	±0.8
摆围（D）	82	86	90	94	98	4	±0.8
肩宽（E）	35	36	37	38	39	1	±0.5
领宽（F）	23.4	23.9	24.4	24.9	25.4	0.5	±1
袖长（G）	54.5	56	57.5	59	60.5	1.5	±1
袖口大（H）	10.5	11	11.5	12	13	0.5	±0.5
袖克夫宽（I）	2.5	2.5	2.5	2.5	2.5	0	±0.3

款式说明：

此款为花边领女衬衫。前衣身左右收对称腋下省和胸腰省；下摆为双层荷叶边波浪状；连门襟，钉4粒扣；衣袖为一片泡泡袖，开袖衩，袖衩口装袖克夫，钉一粒袖扣；后衣身收对称胸腰省，左右侧缝节处固定腰带；后领口滚边；前领口装花边，衣袖花边，袖衩处拼接，装袖克夫，袖衩口为圆弧形拼接。

工艺说明：

1. 针距：12~13针/3cm
2. 挂面：袖克夫没无纺黏合衬。止口缉0.1cm明线；袖山头，里襟钉4粒扣；襟锁平头眼4个，侧缝处固定腰带；领扣左右各开8个气眼，穿抽带；商标与尺码标订在后领居中，洗水标订在左侧缝线，距底边12cm
3. 商标与尺码标订在后领居中，洗水标订在左侧缝线，距底边12cm

成品要求：缝线平整，绳线宽窄一致，整洁，无污迹，无线头。

样衣要求缝线平整，绳线宽窄一致，整洁，无污迹，无线头。

面料：雪纺面料，幅宽150cm

辅料：无纺黏合衬15cm，幅宽110cm；配色缝纫线；商标、洗水标、吊牌

分割处，装下摆分割处；装下摆碎褶，襟量分布均匀；领口、袖口、门襟前领口处密拷；领口、袖口、门纽扣10mm6粒；前领口处密拷；袖克夫夹缝1粒扣；省道倒向侧缝；省道倒右各收一个省，穿抽带；腰部

六、样板尺寸制订

该款服装为常规生产方式,衣长、袖长、胸围、摆围均考虑 1cm 的缩率,肩宽考虑 0.5cm 的缩率。那么实际的制板衣长为 61cm、袖长为 58.5cm、胸围为 89cm、摆围为 92cm、肩宽 37.5cm。160/84A 花边领女衬衫的样板规格见表 3-6。

表 3-6 花边领女衬衫样板规格表 单位:cm

规格 号型 部位	衣长（L）	胸围（B）	腰围（W）	摆围	肩宽（S）	袖长（SL）	袖口大
160/84A	61	89	78	92	37.5	58.5	11.5

七、结构制图

根据表 3-6 的样板规格进行制图。制图时采用净胸围为 84cm 的原型。

（1）由于原型已加 10cm 松量,该款服装 M 码胸围的样板规格为 88cm,需在原型的基础上减小 6cm 松量,制图时前后片各减 3cm。

（2）根据对样衣肩斜度的测量分析,将原型前片的肩端点下移 0.4cm,以增加小肩斜度,保证肩部穿着合体。

（3）为达到下摆花边呈波浪形效果,采用切展的方法,通过增加花边切展量满足展开效果。

（4）领口花边通过抽带收缩,根据领口的长度,左右各设计 7 个褶裥,每个折裥量为 2cm。

（5）由于小肩宽尺寸较小,同时衬衫面料的吃量较小,故前后小肩宽采取相同尺寸。

（6）袖口处的拼接设计是此款衬衫衣袖制图的重点,为了达到拼接后袖身收有碎褶,将弧形分割线留出 1cm 的距离,可使弧线产生长度差,缝合时将长度差收成碎褶。

（7）袖山采用切展和增加袖山高结合的方法达到泡泡袖的效果,由于此款服装的泡泡袖效果不太明显,故切展量取 1cm。

花边领女衬衫结构制图如图 3-31 ~ 图 3-34 所示。

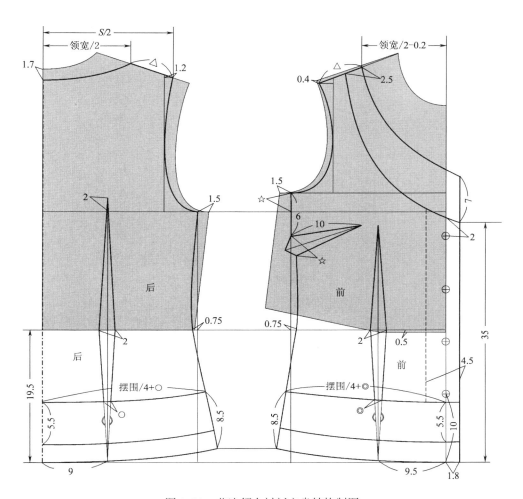

图 3-31　花边领女衬衫衣身结构制图

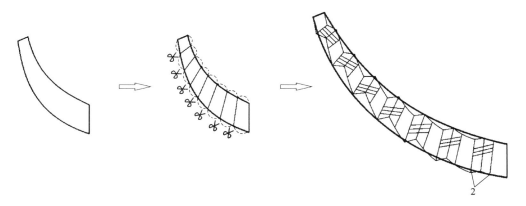

图 3-32　花边领女衬衫衣领结构变化

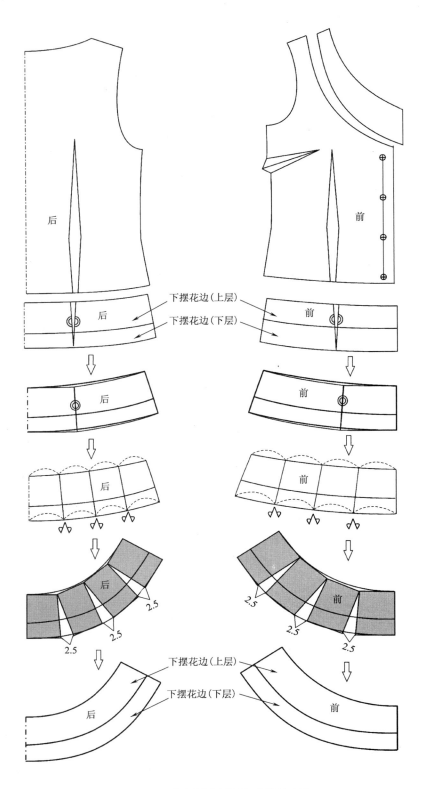

图 3-33　花边领女衬衫衣身结构变化

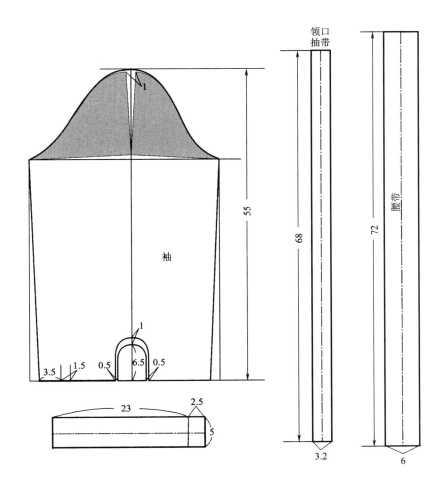

图 3-34 花边领女衬衫衣袖、腰带、抽带结构制图

八、结构图审核

结构制图完毕，应对结构图进行审核。审核内容包括结构图的吻合性、规格的一致性及结构图的完整性。

（1）结构图的吻合性。观察结构图（纸样）与样品是否相符（型与结构），细部造型结构与实物是否能够吻合，检查主要部位的结构线是否吻合。

（2）规格的一致性。审核结构图规格与成品规格是否一致，是否考虑了成衣工艺要求，审核纸样相关规格与款式特点是否相适应。

（3）结构图的完整性。结构图是否全面、完整，是否包括任何的细节部分。

结构图的审核如图 3-35 所示。

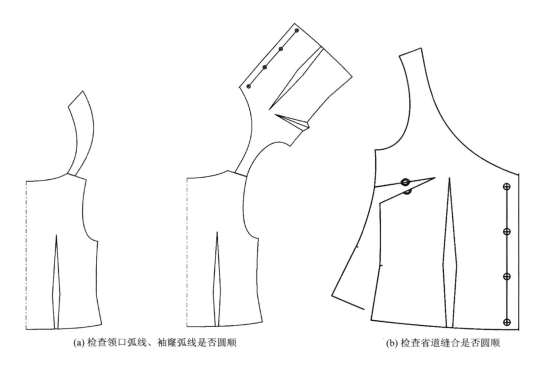

(a) 检查领口弧线、袖窿弧线是否圆顺　　　　(b) 检查省道缝合是否圆顺

图 3-35　检查结构图相关部位是否吻合

九、制作面料裁剪样板

（1）根据净样板放出毛缝，衣身样板的侧缝、袖窿、肩缝、底边、门襟止口放 1cm。

（2）衣身后领口滚边根据样衣分析结果，放 0.6cm。

（3）下摆双层的下口、领花边上口采用密拷的工艺方法，故不需加放缝份。

（4）衣袖放缝同衣身，袖山弧线放 1cm，内外侧拼缝放 1cm，袖口放 1cm，袖克夫四周放 1cm。

另外，样板上还应标明款式名称、丝缕线和该款服装的成品规格或号型规格，写上裁片名称和裁片数量，并在必要的部位打剪口，如有款式编号，也应在样板上标明。

面料裁剪样板及文字标注如图 3-36 所示。

十、排料

花边领女衬衫排料图如图 3-37 所示。

十一、服装成衣展示

服装成衣效果如图 3-38~ 图 3-40 所示。

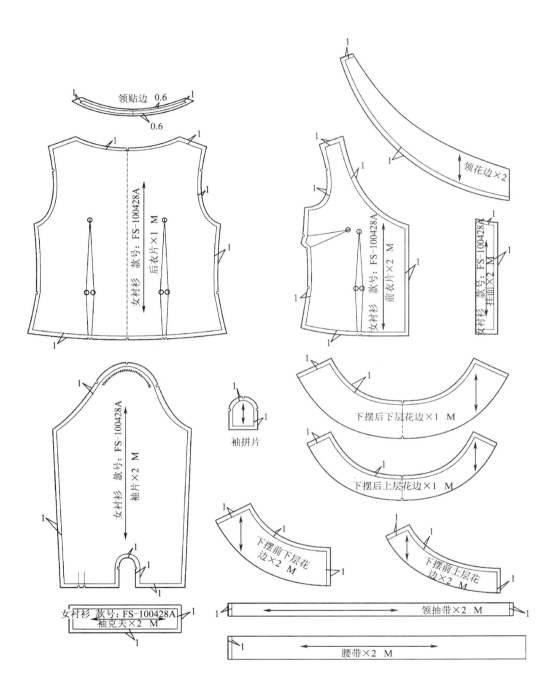

图 3-36 花边领女衬衫面料样板

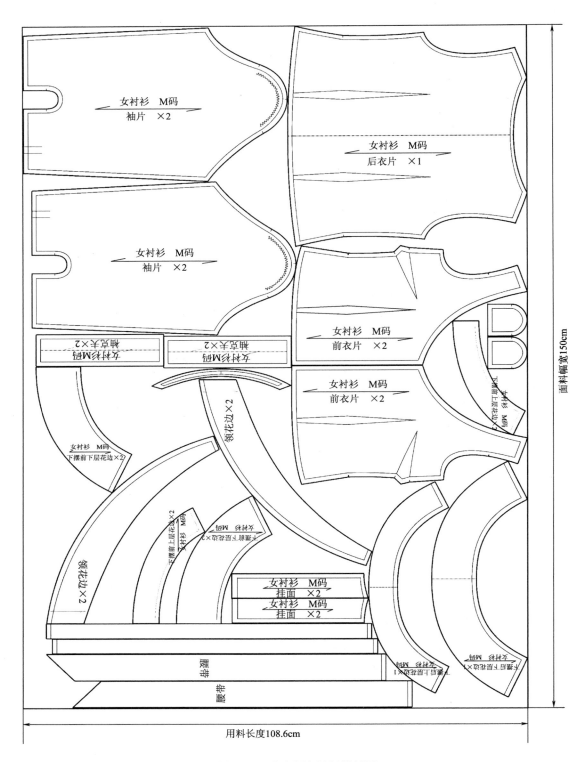

图 3-37　花边领女衬衫排料图

(a) 原样衣　　　　　　　　　(b) 现样衣

图 3-38　花边领女衬衫样衣正面展示

(a) 原样衣　　　　　　　　　(b) 现样衣

图 3-39　花边领女衬衫样衣侧面展示

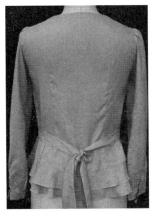

(a) 原样衣　　　　　　　　　(b) 现样衣

图 3-40　花边领女衬衫样衣背面展示

实训十二　立领套头女衬衫制板

如图 3-41 为立领套头女衬衫样衣图，要求根据样衣制出样板并试制样衣。

一、描述款式特征

此款为立领套头女衬衫。前后衣身在腰节处有横向分割线，前衣身腰节下有左右对称分割线，领口至侧缝作弧形分割，小肩部分作 3 个均匀倒向前中的褶裥，前中领口至腰节钉 8 粒扣；后衣身中部收工字裥，腰节下衣身作左右对称的分割线；衣领为立领，领上口缝同大身面料装饰花边；衣袖为一片泡泡袖，开袖衩，装袖克夫，钉 2 粒袖扣。

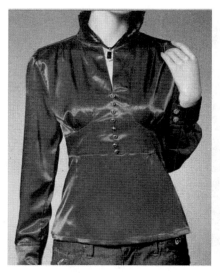
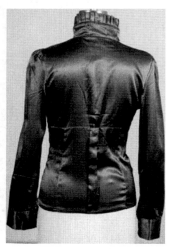

图 3-41　立领套头女衬衫样衣

二、绘制服装款式图

根据所提供的样衣，绘制服装款式图，如图 3-42 所示。

三、样衣尺寸测量

图 3-43 为立领套头女衬衫尺寸测量示意图，依据图示仔细测量各部位尺寸，将测量好的样衣部位规格尺寸填写在尺寸表中，规格尺寸表应含有主要部位、规格尺寸、号型等，见表 3-7。

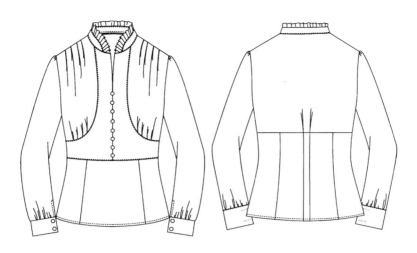

图 3-42　立领套头女衬衫款式图

表 3-7　立领套头女衬衫样衣测量尺寸表　　　　　　　　单位：cm

代号	部位	M(160/84A)	测量方法
A	前衣长	57.5	前侧颈点量至底边
B	胸围 /2	45.5	袖窿腋下点平量
C	腰围 /2	40.5	前侧颈点下 37cm 处平量
D	摆围 /2	48.5	侧缝底边处平量
E	肩宽	37.5	左右肩端点平量
F	后领宽	19	左右后侧颈点平量
G	袖长	60	袖山顶点量至袖口（含袖克夫宽）
H	袖口大	11.5	袖口放平直量
I	袖克夫宽	7	袖口至装袖克夫线
J	袖开衩长	4.5	装袖克夫线量至开衩止点
K	前身纵向分割线距离	19	底边处直量
L	后身纵向分割线距离	18	底边处直量
M	后领深	3	后侧颈点直量至后领深点
N	前领深	6.5	前侧颈点直量至前领深点
P	领座宽	4.5	立领后中直量
Q	领花边宽	3	
	纽扣直径	1	

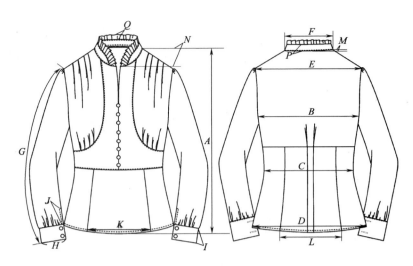

图 3-43　立领套头女衬衫尺寸测量示意图

四、服装工艺分析

（1）针距：12~13 针 /3cm。

（2）领座、袖克夫烫无纺黏合衬。

（3）底边、侧缝、前胸弧形分割线、腰节分割线、前后衣身纵向分割线处锁边。

（4）前身腰节与前胸分割拼接部位缉 0.1cm 明线；前中钉 8 粒扣（前领深点下量 11cm 至腰节上 1.5cm 之间）；底边折边 1.5cm，缉 0.1cm 明线。

（5）后身后中腰节下做工字裥，裥量 6cm，腰节上做 4cm 工字裥。

（6）袖山、袖口收碎褶，褶量分布均匀；袖口在拼缝线上留出开衩位；袖克夫缝 2 粒扣，袖克夫四周缉 0.1cm 明线。

（7）领座夹缝褶裥花边，正面缉 0.1cm 明线，花边净宽 3cm；装领线正面缉 0.1cm 明线。

（8）商标与尺码标钉在后领居中，洗水标钉在左侧缝线，距底边 12cm。

成品要求：样衣要求缝线平整，缉线宽窄一致，整洁，无污迹，无线头。立领套头女衬衫工艺分析图如图 3-44 所示。

五、编写样衣生产指示单

根据本款样衣分析结果，按服装生产工艺文件格式编写样衣生产指示单，见表 3-8。

六、样板尺寸制订

该款服装为常规生产方式，衣长、袖长、胸围、摆围均考虑 1cm 的缩率，肩宽考虑 0.5cm 的缩率。那么实际的制板衣长为 58.5cm、袖长为 61cm、胸围为 92cm、摆围为 98cm、肩宽为 38cm。 160/84A 立领套头女衬衫的样板规格见表 3-9。

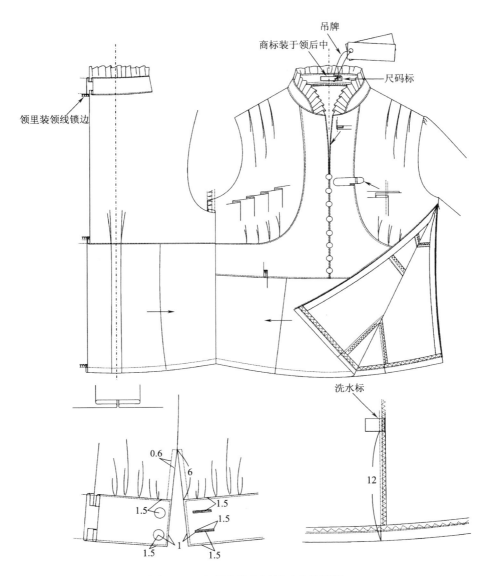

图 3-44　立领套头女衬衫工艺分析图

七、结构制图

　　根据表 3-9 的样板规格进行制图。制图时采用净胸围为 84cm 的原型。

　　（1）由于原型已加 10cm 松量，该款服装 M 码胸围的样板规格为 92cm，需在原型的基础上减小 2cm 松量，制图时前后片各减 0.5cm。

　　（2）根据对样衣肩斜度的测量分析，将原型的前小肩端点下移 0.3cm，以增加小肩斜度，保证肩背部穿着合体。

　　（3）前胸收对称倒裥，左右各 4 个，其中靠近侧缝的 1 个褶裥量为原型腋下省的转移量，其余 3 个褶裥量为 2cm。

表3-8 立领套头女衬衫样衣生产指示单

款号：100429　名称：立领套头女衬衫

下单日期：2010.05.03　完成日期：2010.05.28

款式图（含正面、背面）：

规格表

单位：cm

规格／部位	150/76A XS	155/80A S	160/84A M	165/88A L	170/92A XL	档差	公差
衣长（A）	58	59.5	61	62.5	64	1.5	±0.8
胸围（B）	81	85	89	93	97	4	±0.8
腰围（C）	71	75	79	83	87	4	±0.8
摆围（D）	87	91	95	99	103	4	±0.8
肩宽（E）	36	37	38	39	40	1	±0.5
领宽（F）	18	18.5	19	19.5	20	0.5	±1
袖长（G）	58	59.5	61	62.5	64	1.5	±1
袖口大（H）	10.5	11	11.5	12	12.5	0.5	±0.5
袖克夫宽（I）	2.5	2.5	2.5	2.5	2.5	0	±0.3

工艺说明：

1. 针距：12~13针/3cm
2. 前身腰节与前胸分割拼接部位缉0.1cm明线；前中钉8粒扣（前领深点下量11cm至腰节1.5cm之间），下摆锁边，缉1cm明线；折边1.5cm；袖山、袖口收碎褶，裥量分布均匀；下做工字褶，裥量6cm，腰节上做4cm工字褶；袖克夫缝2粒扣，袖克夫四周缉0.1cm明线；袖口在拼缝线上留出开衩位，洗水标钉在左侧缝线，距下摆12cm
3. 商标与尺码标订在后领居中，洗水标订正在后领居中，成品要求：样衣要求缝线平整，绳缝宽窄一致，整洁，无污迹，无线头

面料：雪纺面料，幅宽150cm

辅料：无纺黏合衬15cm，幅宽110cm；纽扣10mm12粒；配色缝纫线；商标、洗水标、吊牌

款式说明：

此款为立领套头女衬衫。前后衣身在腰节处有横向分割线，前衣身腰节下作左右对称分割线，领口至领口做弧形分割，小背部分作3个均匀向前做的裥褶，前中领口至腰领分割线。后衣身下衣身作左右对称的分割线，衣领为立领，领节钉8粒扣；后衣身中部做工字褶，腰节下衣身布装饰花边；衣袖为一片泡泡袖，开袖衩，装袖克夫，钉2粒袖扣上口缝同大身布装饰花边，袖口缝装饰花边，衣袖为一片泡泡袖，装袖克夫、钉2粒袖扣

表 3-9 立领套头女衬衫样板规格表 单位：cm

规格　部位 号型	衣长（L）	胸围（B）	腰围（W）	摆围	肩宽（S）	袖长（SL）	袖口大
160/84A	58.5	92	82	98	38	61	11.5

（4）后衣片后中做工字裥，腰节分割线以下做上下大小一致的褶裥，褶裥大小为 6cm，腰节分割线以上做 4cm 的工字裥。

（5）前衣片腰节分割线以下前中心线为连折结构，腰节分割线以上为断缝结构；前中心线在领口处左右各撇进 0.75cm。

（6）袖山采用切展和增加袖山高结合的方法达到泡泡袖的效果，由于此款服装的泡泡袖效果不太明显，故切展量取 1cm。

（7）袖开衩设计在袖缝线上，开衩长 4.5cm。

（8）衣领为上下拼接立领，领座宽 4.5cm，领褶裥花边宽 3cm。

立领套头女衬衫的制图如图 3-45 ~ 图 3-47 所示。

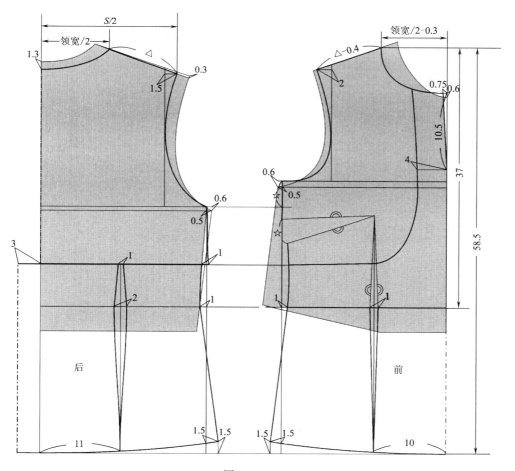

图 3-45

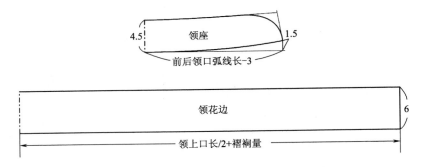

图 3-45　立领套头女衬衫衣身与衣领结构制图

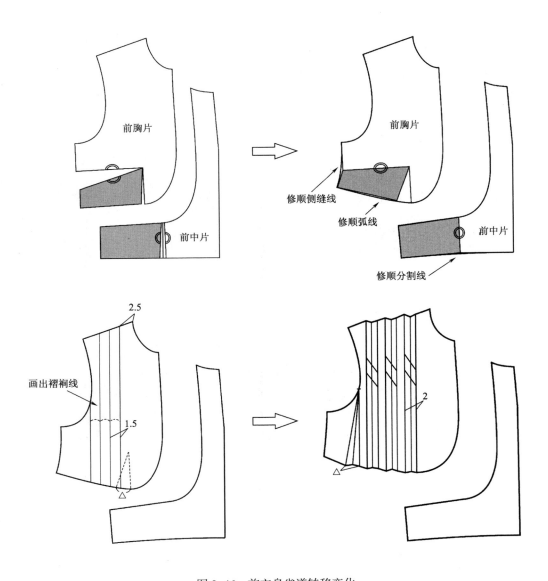

图 3-46　前衣身省道转移变化

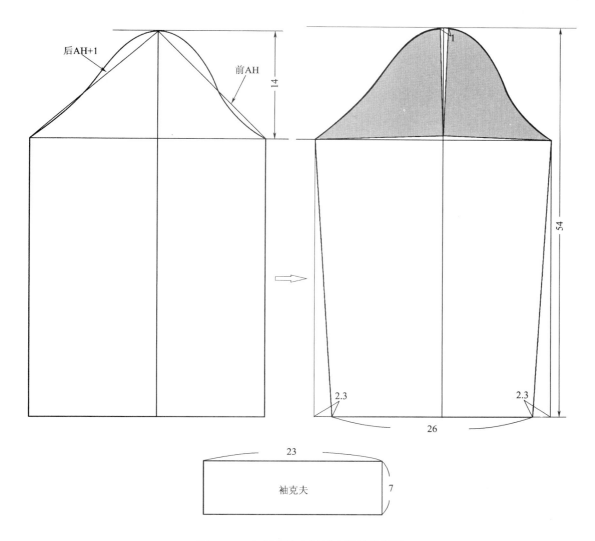

图 3-47　立领套头女衬衫衣袖结构制图

八、结构图审核

结构制图完毕，应对结构图进行审核。审核内容包括结构图的吻合性、规格的一致性及结构图的完整性。

（1）结构图的吻合性。观察结构图（纸样）与样品是否相符（型与结构），细部造型结构与实物是否能够吻合，检查主要部位的结构线是否吻合。

（2）规格的一致性。审核结构图规格与成品规格是否一致，是否考虑了成衣工艺要求，审核纸样相关规格与款式特点是否相适应。

（3）结构图的完整性。结构图是否全面、完整，是否包括任何的细节部分。

结构图的审核如图 3-48 所示。

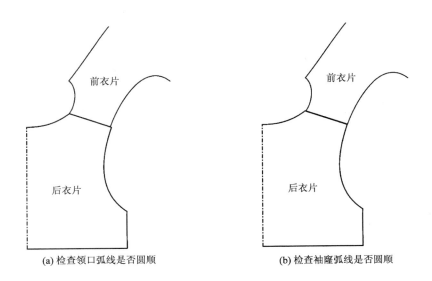

(a) 检查领口弧线是否圆顺　　　　　　　(b) 检查袖窿弧线是否圆顺

图 3-48　检查结构图相关部位是否吻合

九、制作面料裁剪样板

（1）根据净样板放出毛缝，衣身样板的侧缝、袖窿、小肩、底边一般放 1cm。

（2）衣袖放缝同衣身，袖山弧线放 1cm，内外侧拼缝放 1cm，袖口放 1cm，袖克夫四周放 1cm。

另外，样板上还应标明款式名称、丝缕线和该款服装的成品规格或号型规格，写上裁片名称和裁片数量，并在必要的部位打上剪口，如有款式编号，也应在样板上标明。

面料裁剪样板及文字标注如图 3-49 所示。

十、服装成衣展示

服装成衣效果对比如图 3-50~ 图 3-52 所示。

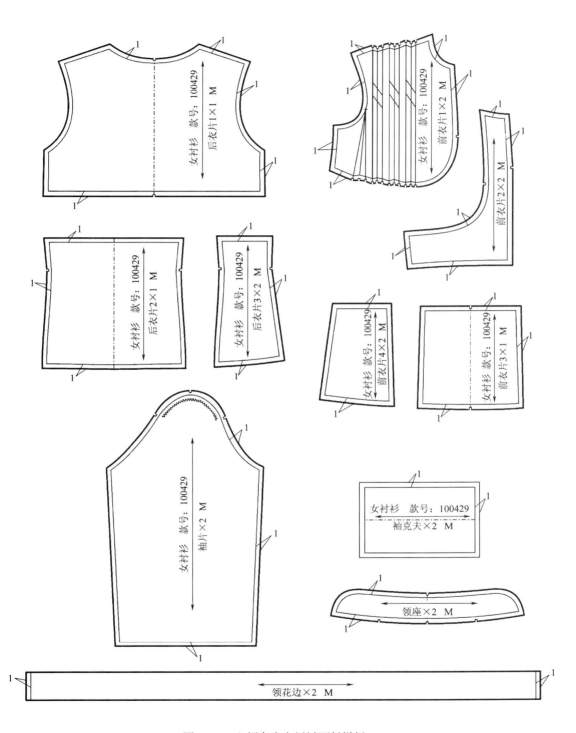

图 3-49 立领套头女衫衬面料样板

(a)原样衣　　　　　　　　　　(b)现样衣

图 3-50　立领套头女衬衫样衣正面展示图

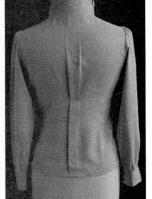

(a) 原样衣　　　　　　　　　　(b) 现样衣

图 3-51　立领套头女衬衫样衣背面展示图

(a)原样衣　　　　　　　　　　(b)现样衣

图 3-52　立领套头女衬衫样衣侧面展示图

实训十三　门襟抽褶女衬衫制板

如图 3-53 为门襟抽褶女衬衫样衣图，要求根据样衣制出样板并试制样衣。

一、描述款式特征

此款为门襟抽褶女衬衫。前衣身在腰节处有横向分割线，小肩至门襟作弧形分割并装花边，胸前门襟处收碎褶，前腰节线以下作左右对称的分割线，底边略弧，装里襟，钉6粒扣，门襟止口缝同大身布装饰带；后衣身袖窿至下摆作弧形分割线；衣领为立领，领上口装花边；衣袖为一片泡泡袖，袖口密拷，距袖口5cm处缝松紧带。

图 3-53　门襟抽褶女衬衫样衣

二、绘制服装款式图

根据所提供的样衣，绘制服装款式图，如图 3-54 所示。

三、样衣尺寸测量

图 3-55 为门襟抽褶女衬衫尺寸测量示意图，依据图示仔细测量各部位尺寸，将测量好的样衣部位规格尺寸填写在尺寸表中，规格尺寸表应含有主要部位、规格尺寸、号型等，见表 3-10。

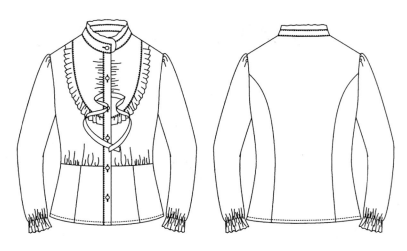

图 3-54 门襟抽褶女衬衫款式图

表 3-10 门襟抽褶女衬衫样衣测量尺寸表   单位：cm

代号	部位	M(160/84A)	测量方法
A	前衣长	57.5	前侧颈点量至底边
B	胸围 /2	46.5	袖窿腋下点平量
C	腰围 /2	40.5	后领深点下 37.5cm 处平量
D	摆围 /2	47.5	底边处左右侧缝平量
E	肩宽	37.5	左右肩端点平量
F	后领宽	15	左右后侧颈点平量
G	袖长	60	袖山顶点量至袖口
H	袖口大	19	袖口放平直量
I	领座宽	3.5	立领后中直量
J	前身横向分割线距离	19	底边直量至分割线
K	前身纵向分割线距离	20.5	前身底边处两分割线间距直量
L	后身纵向分割线距离	22	后身底边处两分割线间距直量
M	前小肩分割线	4.5	分割点量至前侧颈点
	搭门宽	1.5	纽扣中心至门襟外止口
	领花边宽	1.3	
	纽扣直径	1	
	门襟系带长	44	

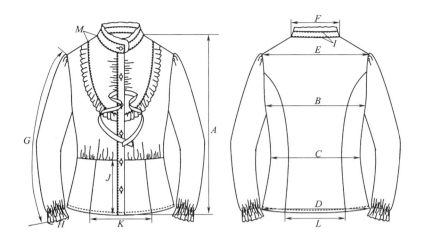

图 3-55　门襟抽褶女衬衫尺寸测量示意图

四、服装工艺分析

（1）针距：12~13 针 /3cm。

（2）衣领、门襟烫无纺黏合衬。

（3）底边、侧缝、前腰拼接处拷边；袖口密拷。

（4）底边拷边后折边 1.5cm，缉明线 1cm；侧缝缝合、绱袖后双层拷边。

（5）左右前片装门襟，左襟缉明线 0.1cm；前衣片胸部收碎褶，褶量分布均匀，左右对称；门襟锁平头眼 6 个，里襟钉 6 粒扣；前衣片腰节分割线以上收碎褶，褶量分布均匀，左右对称。

（6）袖山、袖口收碎褶，褶量分布均匀。袖口密拷，距袖口 5cm 处缝松紧带。

（7）前胸弧形分割处夹缝花边，缝份倒向侧胸片，正面沿分割线缉 0.1cm 明线。

（8）商标与尺码标订在后领居中，洗水标钉在左侧缝线，距底边 12cm。

成品要求：样衣要求缝线平整，缉线宽窄一致，整洁，无污迹，无线头。门襟抽褶女衬衫工艺分析如图 3-56 所示。

五、编写样衣生产指示单

根据本款样衣分析结果，按服装生产工艺文件格式编写样衣生产指示单，见表 3-11。

六、样板尺寸制订

该款服装为常规生产方式，衣长、袖长、胸围、摆围均考虑 1cm 的缩率，肩宽考虑 0.5cm 的缩率，那么实际的制板衣长为 58.5cm、袖长为 60cm、胸围为 94cm、摆围为 96cm、肩宽为 38cm。160/84A 门襟抽褶女衬衫的样板规格见表 3-12。

表3-11 门襟抽褶女衬衫衣衫生产指示单

款号：100608	名称：门襟抽褶女衬衫	
下单日期：2010.05.25	完成日期：2010.06.29	

款式图（含正面、背面）：

规格表　　　　　　　　　　单位：cm

规格 部位	150/76A XS	155/80A S	160/84A M	165/88A L	170/92A XL	档差	公差
衣长（A）	54.5	56	57.5	59	60.5	1.5	±0.8
胸围（B）	85	89	93	97	101	4	±0.8
腰围（C）	73	77	81	85	89	4	±0.8
摆围（D）	87	91	95	99	103	4	±0.8
肩宽（E）	35.5	36.5	37.5	38.5	39.5	1	±0.5
领宽（F）	18	18.5	19	19.5	20	0.5	±1
袖长（G）	56	57.5	59	60.5	62	1.5	±1
袖口大（H）	18	18.5	19	19.5	20	0.5	±0.5

工艺说明：
1. 针距：12~13针/3cm
2. 衣领：门襟双层锁边，门襟烫无纺黏合衬，底边锁边后折边1.5cm，绱明线1cm；侧缝缝合锁边，袖后双层锁边，门襟前片装门襟，左襟绱明线0.1cm，左襟钉6粒扣；前衣片胸部收碎褶，褶量分布均匀，左右对称；门襟锁钉平头眼6个，里襟钉6粒扣，前衣片腰节分割线以上收碎褶，褶量分布均匀，袖口密拷，距袖口5cm处缝松紧带，褶量分布均匀，左右对称；前胸弧形分割夹缝花边，缝分倒向侧胸片，正面沾弧分割线，距袖口5cm处缝松紧带，绱0.1cm明线
3. 商标与尺码标订在后领居中，洗水标订在左侧缝线，无污迹，无线头
成品要求：衣衫要求缝线平整，绱线宽窄一致，整洁，无污迹，无线头；样衣要求缝线平整，绱线宽窄一致

面料：涤纶97%，氨纶3%

辅料：无纺黏合衬15cm，幅宽110cm；配色缝纫线；商标，纽扣10mm6粒；配色缝纫线；洗水标。吊牌

款式说明：
此款为门襟抽褶女衬衫。前衣身在腰节处有横向分割线，小肩至门襟作横向分割线，前腰节线以下作左右对称的抽褶分割线，底边略弧，花边，胸口门襟处收碎褶，装里襟，底边略弧，装立领，钉6粒扣。门襟止口大身同大缝饰带，袖口密拷，距袖口5cm处缝松紧带；衣袖为一片泡泡袖，袖口密拷，距袖口5cm处缝松紧带；后衣身袖窿至下摆作弧形分割线；领上口装立领。

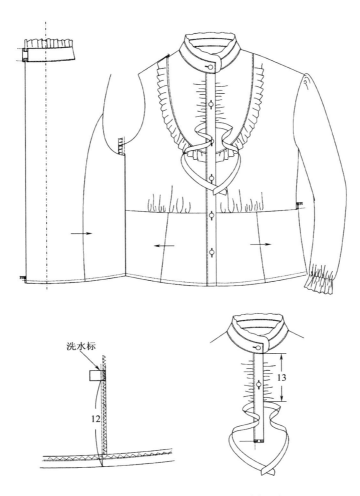

图 3-56 门襟抽褶女衬衫工艺分解图

表 3-12 门襟抽褶女衬衫样板规格表 单位：cm

规格 部位 号型	衣长（L）	胸围（B）	腰围（W）	摆围	肩宽（S）	袖长（SL）	袖口大
160/84A	58.5	94	82	96	38	60	19

七、结构制图

根据表 3-12 的样板规格进行制图。制图时采用净胸围为 84cm 的原型。

（1）由于原型已加 10cm 松量，该款服装 M 码胸围的样板规格为 94cm，故制图时胸围不需要调整。

（2）此款女衬衫的胸、腰围差为 12cm，腰省的分配方法为：侧缝收 6cm，后片分割线收 4cm，前片腰省收 2cm。

（3）前衣片腰节分割线位置由底边向上量 19cm，收褶衣片的碎褶量由前腰节省量和腋下省两部分组成，腋下省的转移方法如图 3-58 所示。

（4）衣领制图采用立领结构制图方法，领下口线上抬 1.5cm。为满足立领的穿着合体需要，前领深点在原型的基础上上抬 0.8cm。

（5）前衣片作弧形分割，小肩分割点距侧颈点 4.5cm，门襟分割点取第三纽位下量 3.5cm。

（6）袖山采用切展和增加袖山高结合的方法达到泡泡袖的效果，由于此款衣服的泡泡袖效果不太明显，故切展量取 1cm。

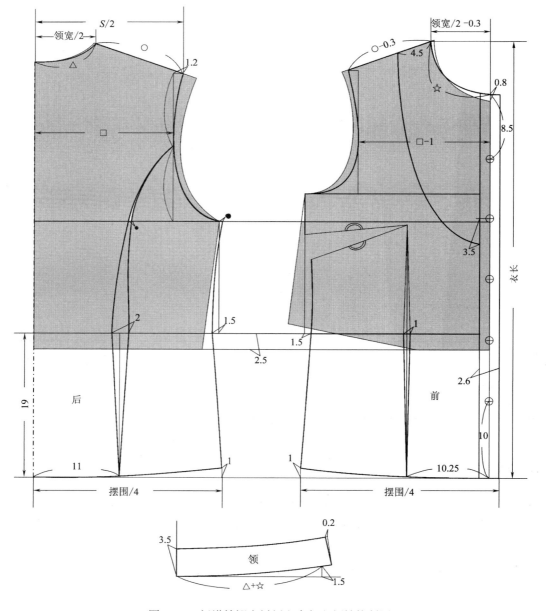

图 3-57 门襟抽褶女衬衫衣身与衣领结构制图

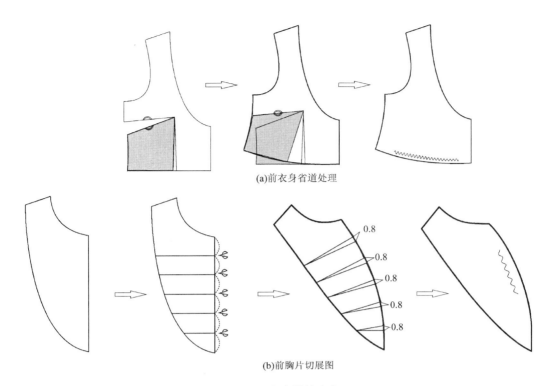

(a)前衣身省道处理

(b)前胸片切展图

图 3-58 衣身结构变化

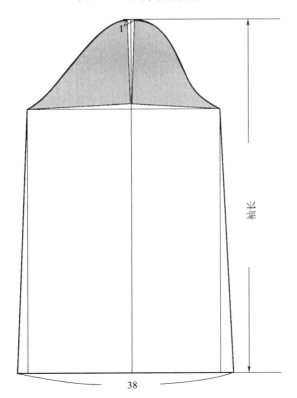

图 3-59 门襟抽褶女衫衬衣袖结构制图

门襟抽褶女衬衫的结构制图如图 3-57~图 3-59 所示。

八、结构图审核

结构制图完毕，应对结构图进行审核。审核内容包括结构图的吻合性、规格的一致性及结构图的完整性。

（1）结构图的吻合性。观察结构图（纸样）与样品是否相符（型与结构），细部造型结构与实物是否能够吻合，检查主要部位的结构线是否吻合。

（2）规格的一致性。审核结构图规格与成品规格是否一致，是否考虑了成衣工艺要求，审核纸样相关规格与款式特点是否相适应。

（3）结构图的完整性。结构图是否全面、完整，是否包括任何的细节部分。

结构图的审核如图 3-60 所示。

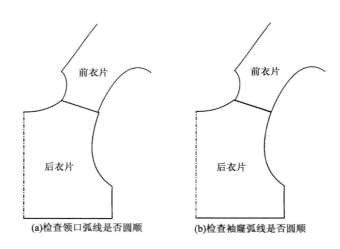

图 3-60　检查结构图相关部位是否吻合

九、制作裁剪样板

（1）根据净样板放出毛缝，衣身样板的侧缝、袖窿、小肩、拼接部位放 1cm，底边放 1.5cm。

（2）衣袖袖口不放缝份，袖山弧线、袖拼缝放 1cm。

另外，样板上还应标明款式名称、丝缕线和该款服装的成品规格或号型规格，写上裁片名称和裁片数量，并在必要的部位打上剪口，如有款式编号，也应在样板上标明。

面料裁剪样板及文字标注如图 3-61 所示。

十、服装成衣展示

服装成衣效果对比如图 3-62、图 3-63 所示。

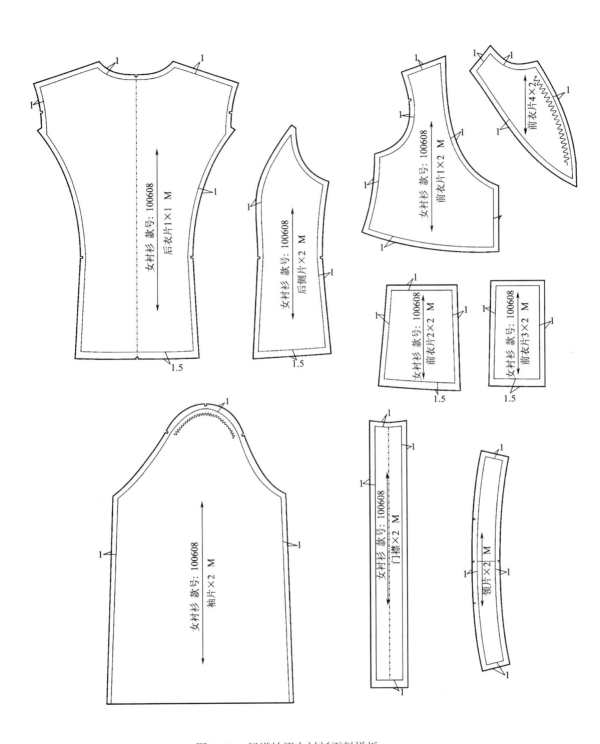

图 3-61 门襟抽褶女衬衫面料样板

(a)原样衣　　　　　　　　　　　(b)原样衣

图 3-62　门襟抽褶女衬衫样衣正面展示图

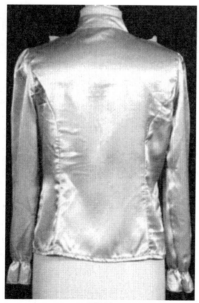
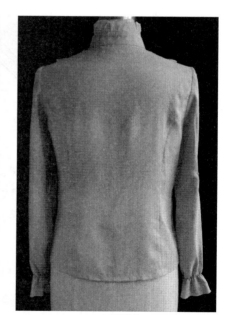

(a)原样衣　　　　　　　　　　　(b)现样衣

图 3-63　门襟抽褶女衬衫样衣背面展示图

第四章 设计图制板实训

课题名称：设计图制板实训。

课题内容：在教师指导下完成效果图分析或时装照片分析、服装款式图绘制、样衣生产指示单制订、服装制板、样衣试制及服装推板等工作。

课题时间：20学时。

教学目的：1.根据提供的服装效果图或照片，能够分析服装的结构特点和工艺特点，能绘制服装款式图。

2.根据分析结果，能制订样衣生产指示单。

3.遵守技术规范，会运用专业打板工具制作样板。

4.缝制试样，能检查及修改样板。

5.会运用推板原理进行推板，形成系列服装样板。

教学方式：采用讲授、演示、小组合作、教师指导等多种方式。

教学要求：1.教学场地须为打板与缝制为一体的一体化教室，且配备多媒体教学设备及制板桌、缝纫机、人台、熨斗、工作台等。

2.由学生自备直尺、三角尺、服装专用曲线尺、梭芯、梭壳、缝纫线、铅笔及笔记本等。

课前准备：1.学生准备面料、辅料、衬料及打板纸。

2.教师准备工作任务单、有关学习材料、报告单、评价表及教学课件等。

实训任务：每组收集若干服装效果图或服装照片，并从中选择一款，完成如下内容：

1.分析服装款式、服装结构及服装工艺特点。

2.绘制服装款式图。

3.设计成衣规格尺寸及样板尺寸。

4.编制样衣生产指示单。

5.选择中间体号型（160/84A）作为成衣的中号（M）规格，打制样板并试制样衣。

6.做好工作过程记录，填写报告单，并准备PPT汇报交流。

实训十四 偏门襟女衬衫制板

如图 4-1 所示为偏门襟女衬衫，要求根据真人着装照片制出样板并试制样衣。

图 4-1 偏门襟女衬衫服装效果图

一、款式特征描述

此款为偏门襟女衬衫。前衣身左右片不对称，有腋下省和胸腰省，底边略呈弧形，门襟偏向左衣片，门襟上端缝大身布装饰花边，钉 7 粒纽扣；后衣身设过肩，衣身收碎褶，收对称胸腰省；立领，领口偏襟处钉 2 粒纽扣；一片式泡泡袖，开袖衩，装袖克夫，钉 1 粒袖扣。

二、绘制服装款式图

根据照片分析的款式特征，绘制服装款式图，如图 4-2 所示。

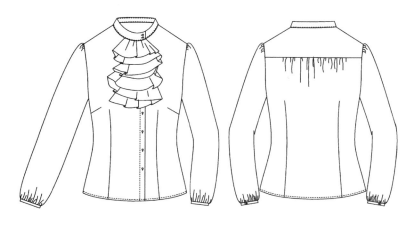

图 4-2 偏门襟女衬衫款式图

三、成衣规格设计

选择国家号型标准中的中间体号型（160/84A）作为成衣的中号（M）规格，其具体部位的规格设定如下。

（1）衣长：按人体比例设计衣长规格尺寸。中国成年女性的身高，一般按七个头或七个半头高的比例计算，按标准女体 160cm 计，则头长为 160÷7，即 22.8cm，按此数值对图 4-1 中的服装所占的头长进行换算，可大体得到服装各部位的长度。如图 4-3 及表 4-1 所示，人体各部位长度都与身高或头长存在一定的比例关系，这些比例关系都可以作为设计服装规格的依据。该款衬衫的底边约在臀高 3/4 的位置，根据表 4-1 的比例计算，衣长的尺寸可定为 56 ~ 58cm，本书将 M 码衣长设计为 57.5cm。

（2）胸围：此款衬衫整体造型较合身，胸围加放量一般为 8 ~ 12cm，本款胸围放松量选择 9cm，因此 M 码胸围设计为 93cm。

（3）肩宽：根据国家号型标准，160/84A 的总肩宽为 39.4cm，本款 M 码肩宽设计为 38cm。

（4）领围：在原型领口的基础上，根据款式要求做相应变化，并得到相应数值。

（5）腰围：腰围的控制量与服装的合体程度有关。此款衬衫腰部较合体，胸、腰围差控制在 12 ~ 14cm 范围内，本款胸、腰围差选择 14cm，因此 M 码腰围设计为 79cm。

表 4-1 成年女性人体各部位与身高、头长的比例关系 单位：cm

人体部位	身高	胸高	腰位	臀高	上臂	小臂	手掌	小腿	大腿	足高
头长倍数	7	1	1+2/3	5/7	1+1/3	1	2/3	1+1/3	1+3/5	1/4
与身高的比例关系	100%	14.3%	24%	13.8%	19%	14.3%	9.6%	21%	23%	3.6%
实际尺寸	160	22.9	38.4	22.1	30.4	22.9	15.3	33.6	36.8	5.8

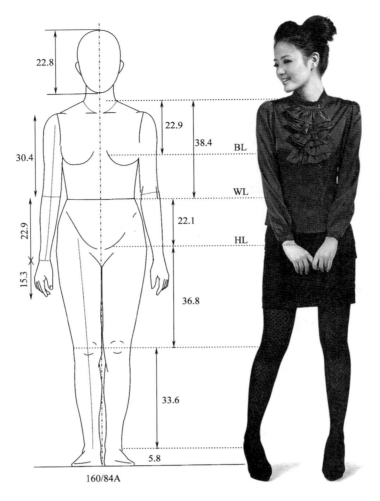

图 4-3　正常人体比例

（6）袖长：此款衬衫袖长为普通服装的袖长，根据表 4-1 的比例计算方法，袖长约为 55cm，但本款衬衫袖为泡泡袖，故本款 M 码袖长设计为 59cm。

（7）摆围：本款服装衣长较短，结合造型因素，设计摆围与胸围尺寸相同，M 码为 93cm。

将设计好的成衣主要部位规格尺寸填写在规格尺寸表中，规格尺寸表应含有主要部位、规格尺寸、号型等，见表 4-2。

表 4-2　偏襟女衬衫成衣主要部位规格尺寸表　　　　　　　单位：cm

号型＼规格 部位	衣长	胸围	腰围	肩宽	袖长	袖口围	摆围	领宽	过肩高
160/84A	57.5	93	79	38	59	19	93	19	9.5

四、服装工艺分析

（1）针距：12~13 针 /3cm。

（2）衣领、袖克夫、门襟烫无纺黏合衬。

（3）底边、侧缝处拷边。

（4）底边拷边后折边 1.5cm，缉明线 1cm；侧缝缝合、绱袖后双层拷边。

（5）胸腰省缉至底边；左襟距止口 2cm 处缉明线，右襟距止口 2.4cm 处缉明线；右门襟锁平头眼 7 个，左里襟钉 7 粒扣；后衣片在指定位置收碎褶，褶量分布均匀。

（6）袖山、袖口收碎褶，褶量分布均匀。袖克夫缝 1 粒扣，袖克夫四周缉 0.1cm 明线。

（7）距门襟止口 10cm 处夹缝花边，花边以 Z 字形固定在门襟处。

（8）商标与尺码标钉在后领居中，洗水标钉在左侧缝线，距底边 12cm。

成品要求：样衣要求缝线平整，缉线宽窄一致，整洁，无污迹，无线头。服装工艺分析如图 4-4 所示。

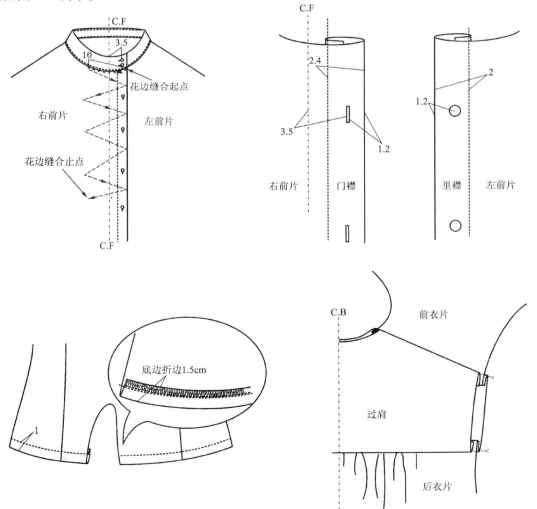

图 4-4

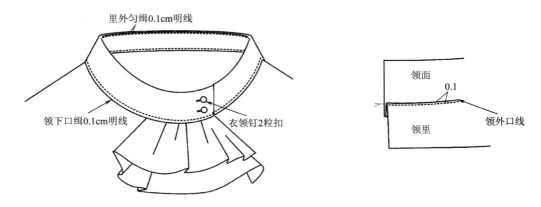

图 4-4 偏门襟女衬衫工艺分析图

五、编写样衣生产指示单

根据本款衬衫照片分析结果，按服装生产工艺文件格式编写样衣生产指示单，见表 4-3。

六、样板尺寸制订

该款服装为常规生产方式，衣长、袖长、胸围、摆围均考虑 1cm 的缩率，肩宽考虑 0.5cm 的缩率，那么实际的制板衣长为 58.5cm、胸围为 94cm、腰围为 80cm、摆围为 94cm、肩宽为 38.5cm、袖长为 60cm。160/84A 偏门襟女衬衫的样板规格见表 4-4。

七、结构制图

选择国家号型标准中的中间体 160/84A（M 码）作为成衣的中号规格，根据表 4-4 的样板规格表进行制图，制图时采用净胸围为 84cm 的原型。

（1）由于原型的胸围为 94cm，该款服装 M 码胸围的样板规格为 94cm，故原型胸围不需要调整。

（2）此款女衬衫的胸、腰围差为 14cm，腰省的分配方法为：侧缝收 5cm，后片腰省收 4cm，前片腰省收 5cm。

（3）为保证肩背部穿着合体，在过肩的分割线中设计 0.8cm 的省道量。

（4）后衣片绱过肩处收碎褶，碎褶量为 4cm，故后衣片的一半在袖窿处向外加放 2cm 褶量。

（5）前衣片为偏门襟，偏向左衣片。右门襟止口距前中心线为 3.5cm，搭门宽 1.2cm。

（6）袖山采用切展和增加袖山高结合的方法达到泡泡袖的效果，根据此款衣服的袖山形态，取切展量为 1cm。

（7）袖开衩设计在袖口偏后距袖缝 5cm 处，衩长为 8cm。

表4-3　偏门襟女衬衫样衣生产指示单

款号：100502	名称：偏门襟女衬衫
下单日期：2010.05.24	完成日期：2010.06.28

款式图（含正面，背面）：

款式说明：
此款为偏门襟女衬衫。前衣身左右片不对称，收腰下省和胸腰省，底边略弧，门襟偏向左衣片，门襟上端缝同大身布装饰花边，钉7粒扣；后衣身设过肩，衣身收碎褶，装袖克夫，开袖衩，装袖为一片式泡泡袖，对称胸腰省；立领，门襟偏襟处钉2粒扣；领口偏襟处钉2粒扣；衣袖为一片式泡泡袖，钉1粒袖扣

单位：cm

规格表							
部位＼规格	150/76A XS	155/80A S	160/84A M	165/88A L	170/92A XL	档差	公差
衣长（A）	54.5	56	57.5	59	60.5	1.5	±0.8
胸围（B）	85	89	93	97	101	4	±0.8
腰围（C）	71	75	79	83	87	4	±0.8
摆围（D）	85	89	93	97	101	4	±0.8
肩宽（E）	36	37	38	39	40	1	±0.5
领宽（F）	18	18.5	19	19.5	20	0.5	±1
袖长（G）	56	57.5	59	60.5	62	1.5	±1
袖口围（H）	18	18.5	19	19.5	20	0.5	±0.5
过肩高（I）	9.5	9.5	9.5	9.5	9.5	0	±0.3

工艺说明：
1. 针距：12~13针/3cm
2. 底边拷边后折边1.5cm，绗明线1cm；侧缝缝合，锁袖后双层拷边，绗明线后边1.5cm。门襟拷边止口2cm，门襟处绗止口，右襟距止口2.4cm处绗明线，距门襟止口10cm处夹装花边，花边以Z字形固定在门襟处；袖山，袖口收碎褶，褶量分布均匀；袖克夫装缝1粒扣；右门襟锁平头眼7个，左里襟钉7粒扣，左衣片按指定位置收碎褶，褶量分布均匀；后衣片按指定位置收碎褶
3. 商标与尺码标钉在后领内部居中，洗水标钉在左侧缝线，距底边12cm
成品要求：
样衣要求缝线平整，绗线宽窄一致，整洁，无污迹，无线头

面料：涤纶97%，氨纶3%

辅料：无纺黏合衬15cm，幅宽110cm；商标，纽扣10mm11粒，配色缝纫线，洗水标，吊牌

表 4-4　偏门襟女衬衫样板规格表 单位：cm

号型	衣长（L）	胸围（B）	腰围（W）	摆围	肩宽（S）	袖长（SL）	袖口围
160/84A	58.5	94	80	94	38.5	60	19

（8）衣领为立领结构，领下口线上抬2cm，画圆顺弧线，立领高3.5cm。门襟花边长230cm、宽8cm。

偏门襟女衬衫的结构制图如图4-5～图4-7所示。

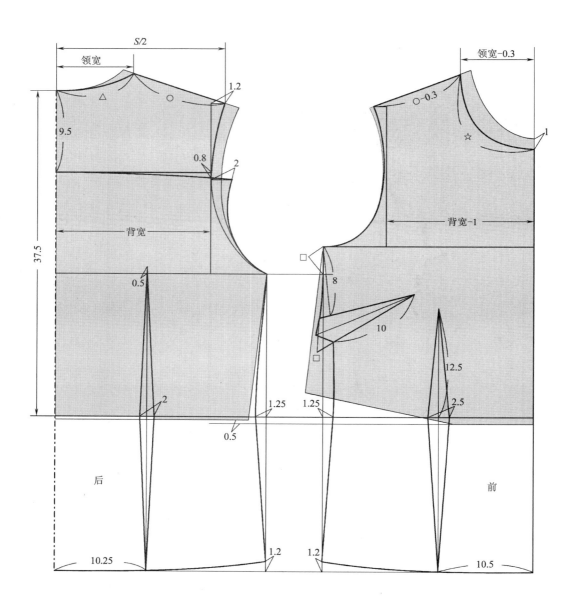

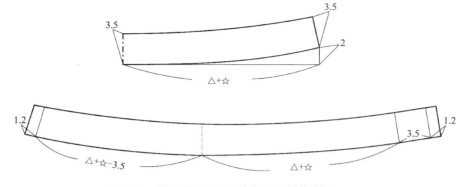

图 4-5 偏门襟女衬衫衣身与衣领结构制图

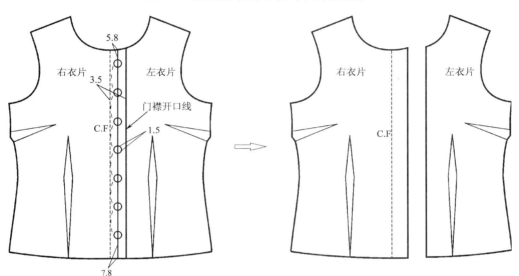

图 4-6 前衣身偏门襟处理

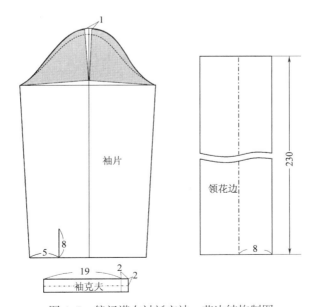

图 4-7 偏门襟女衬衫衣袖、花边结构制图

八、结构图审核

结构制图完毕，应对结构图进行审核。审核内容包括结构图的吻合性、规格的一致性及结构图的完整性。

（1）结构图的吻合性。观察结构图（纸样）与样品是否相符（型与结构），细部造型结构与实物是否能够吻合，检查主要部位的结构线是否吻合。

（2）规格的一致性。审核结构图规格与成品规格是否一致，是否考虑了成衣工艺要求，审核纸样相关规格与款式特点是否相适应。

（3）结构图的完整性。结构图是否全面、完整，是否包括任何的细节部分。

结构图审核如图4-8所示。

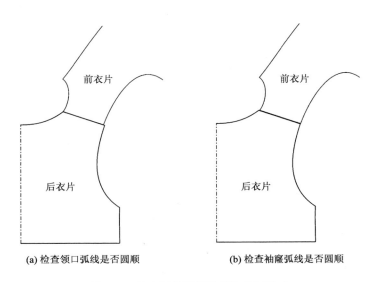

(a) 检查领口弧线是否圆顺　　　　　　(b) 检查袖窿弧线是否圆顺

图4-8　检查结构图相关部位是否吻合

九、制作面料裁剪样板

（1）根据净样板放出毛缝，衣身样板的侧缝、袖窿、小肩、领口放1cm，底边放1.5cm。

（2）衣袖放缝同衣身，袖山弧线放1cm，内外侧拼缝放1cm，袖口放1cm，袖克夫四周放1cm。

另外，样板上还应标明款式名称、丝缕线和该款服装的成品规格或号型规格，写上裁片名称和裁片数量，并在必要的部位打上剪口，如有款式编号，也应在样板上标明。

面料裁剪样板、衬料样板、工艺样板及文字标注如图4-9所示。

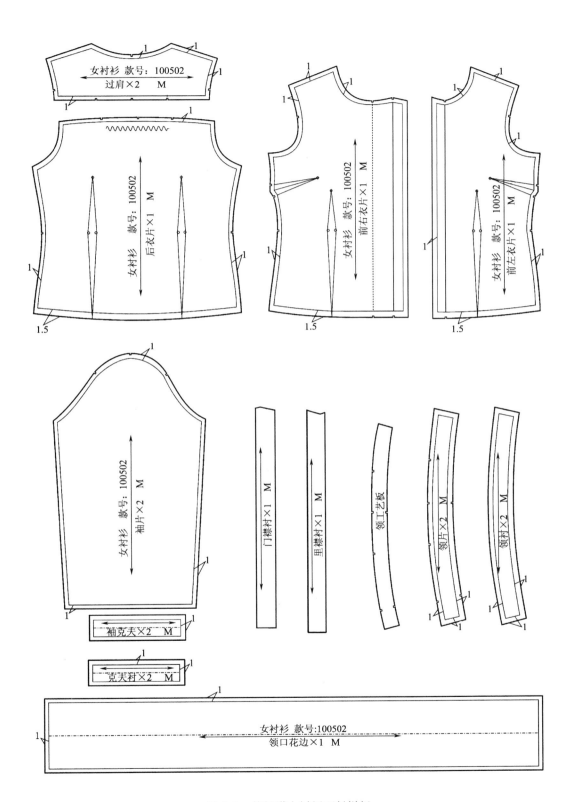

图 4-9　偏门襟女衬衫面料样板

十、样板复核

虽然样板在放缝之前已经进行了检查，但为了保证样板准确无误，整套样板完成之后，仍然需要进行复核。

十一、服装成衣展示

服装成衣效果展示如图 4-10、图 4-11 所示。

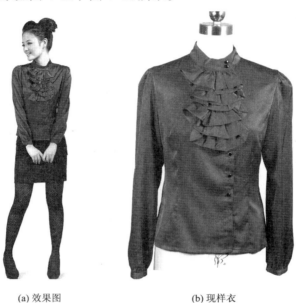

(a) 效果图　　　　　　　　　　(b) 现样衣

图 4-10　偏门襟女衬衫样衣正面展示图

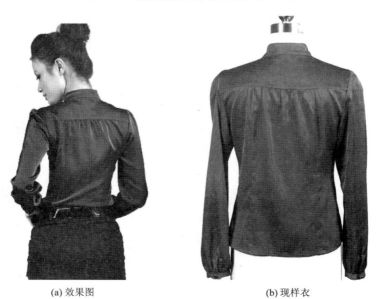

(a) 效果图　　　　　　　　　　(b) 现样衣

图 4-11　偏门襟女衬衫样衣背面展示图

实训十五　韩版女风衣制板

如图 4-12 所示为韩版女风衣效果图，要求根据效果图制出样板并试制样衣。

图 4-12　韩版女风衣效果图

一、款式特征描述

此款为单排扣女风衣。双层关门领，领口较大，翻领部分有褶皱；腰部以上衣身较合体，通肩缝，收腰，腰带上边固定，下边活口；腰部以下衣身造型呈灯笼状，腰部设有褶裥八个，下摆装克夫，略收；灯笼袖，装袖克夫，袖山及袖口处收碎褶；装夹里，里子下摆活口。

二、绘制服装款式图

根据所描述的款式特征，绘制服装款式图，如图 4-13 所示。

图 4-13　韩版女风衣款式图

三、成衣规格设计

选择国家号型标准中的中间体号型（160/84A）作为成衣的中号（M）规格，其具体部位的规格设定如下。

（1）衣长：按人体比例设计衣长规格尺寸。将人体按正常比例分成 7.3 个头长，按标准女体 160cm 计，则头长为 160÷7.3，即 22cm，按此头长对图 4-12 中的服装所占的头长进行换算，可大体得到服装各部位的长度。如图 4-14 所示，正常人体的躯干长度为 2 ~ 3 个头长，下肢长度为 4 ~ 5 个头长，上肢长度约等于三个头长，手掌长度约为 3/4 个头长，这些都可以作为设计服装规格的依据。该款风衣的衣长约占四个头长略少一点，四个头长的尺寸为 88cm，再减去 4cm，M 码衣长设计为 84cm。

（2）胸围：此款风衣腰部以上衣身造型较合身，胸围加放量一般为 8 ~ 12cm，本款胸围放松量选择 11cm，因此 M 码胸围设计为 95cm。

（3）肩宽：结合泡泡袖造型因素，在净肩宽的基础上减少 2 ~ 3cm。根据国家号型标准，160/84A 的总肩宽为 39.4cm，本款 M 码肩宽设计为 37cm。

（4）领围：领围在原型领圈的基础上，根据款式要求做相应变化。

（5）腰围：腰围的控制量与服装的合体程度有关。此款属于高腰节，腰部较合体，胸、腰围差控制在 12 ~ 14cm 范围内，本款胸、腰围差选择 12cm，因此 M 码腰围设计为 83cm。

（6）袖长：因款式要求，结合造型因素，袖长应比一般服装的袖长偏短，本款 M 码袖长设计为 52.5cm。

（7）摆围：因款式要求，结合造型因素，摆围在胸围的基础上加大 10cm，M 码为 105cm。

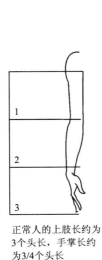

正常人的上肢长约为
3个头长，手掌长约
为3/4个头长

图 4-14　正常人体比例

将设计好的成衣主要部位规格尺寸填写在规格尺寸表中,规格尺寸表应含有主要部位、规格尺寸、号型等,见表4-5。

表 4-5　韩版女风衣成品主要部位规格尺寸表　　　单位：cm

规格　　部位 号型	衣长（L）	胸围（B）	腰围（W）	肩宽（S）	袖长（SL）	摆围	袖口围
160/84A	84	95	83	37	52.5	105	28

四、服装工艺分析

装领处、门襟止口、通肩缝、腰部分割线、后中缝、下摆装克夫处各缉0.6cm明线；下摆克夫为单层；无口袋；前衣身腰部以下分割处左右各收两个褶,后衣身腰部以下分割处左右各收两个褶；腰带双层对折,上边与衣身固定,下边活口；袖山、袖口收碎褶；全夹里,夹里下摆为活口；领座与翻领缝合处缉0.1cm明线；右门襟锁圆头眼四个；左里襟钉四粒扣。

五、编写样衣生产指示单

根据本款设计图分析结果,按服装生产工艺文件格式编写样衣生产指示单,见表4-6。

表4-6 样衣生产指示单

款号：100416　　名称：韩版女风衣

下单日期：2010.04.03　　完成日期：2010.04.20

款式图（含正面、背面）：

款式说明：
此款为单排扣女风衣。双层关门领、领口较大、通肩直缝、收腰；腰部以下衣身造型呈灯笼状，略收；灯笼袖、装袖克夫，袖山及袖口处收碎褶

规格表　　单位：cm

部位	规格					档差	公差
	150/76A XS	155/80A S	160/84A M	165/88A L	170/92A XL		
衣长（A）	81	82.5	84	85.5	87	1.5	±1
胸围（B）	87	91	95	99	103	4	±1.5
腰围（C）	76	80	84	88	92	4	±1.5
肩宽（D）	35	36	37	38	39	1	±0.8
袖长（E）	49.5	51	52.5	54	55.5	1.5	±0.8
袖口围（F）	26	27	28	29	30	1	±0.5
摆围（G）	97	101	105	109	113	4	±1.5

工艺说明：
装领处、门襟止口、通肩缝、腰部分割线、后中缝、下摆装克夫处各缝0.6cm明线；
无口袋；前衣身腰部以下分割处左右各收两个褶，后衣身腰部以下分割处左右各收两个褶，袖口收碎褶。领座与翻领缝合处缝0.1cm明线；右门襟锁圆头眼四个；左里襟钉四粒扣

成品要求：
外形前后方正、袖山圆顺，前后一致，缝子挺直，没有水花和极光，防止透黄变色。本款衣要求缝线平整，绲线宽窄一致，整洁，无污迹，无线头。

面料：薄型化纤混纺提花面料180cm，幅宽144cm

辅料：配色尼丝纺150cm，幅宽110cm；有纺粘合衬100cm，幅宽110cm；防伸衬4m；本色面料布包扣40mm4+1（备用）个；配色缝纫线；商标、洗水标

六、样板尺寸制订

该款服装为常规生产方式，衣长、袖长、胸围、摆围均考虑 1cm 的缩率，肩宽考虑 0.5cm 的缩率，那么实际的制板衣长为 85cm、胸围为 96cm、肩宽为 37.5cm、袖长为 53.5cm、摆围为 106cm。由于腰围部位在工艺制作中一般都容易偏大，通常制板的规格要在成衣规格的基础上减去 1cm，因此腰围的实际制板规格为 82cm。160/84A 韩版女风衣的样板规格见表 4-7。

表 4-7 韩版女风衣样板规格表　　　　　　　　　　　单位：cm

规格 号型 部位	衣长（L）	胸围（B）	腰围（W）	肩宽（S）	袖长（SL）	摆围
160/84A	85	96	82	37.5	53.5	106

七、结构制图

选择国家号型标准中的中间体 160/84A（M 码）作为成衣的中号规格，根据表 4-7 的样板规格进行制图，制图时采用净胸围为 84cm 的原型。

（1）由于原型已加 10cm 松量，该款服装 M 码胸围的样板规格为 96cm，只需再增加 2cm 松量，制图时前片增加 0.5cm，后片增加 0.5cm，如图 4-15 所示。

（2）该款服装为高腰节，腰节设置在普通腰节线以上 7cm 处。腰带为双层对折，侧缝处合并。

（3）摆围比胸围大 10cm，前后片在侧缝处各放出 2.5cm 即可。

（4）下摆克夫为单层，两个前片，一个后片，共三片。缝制时，前片和前下摆克夫缝合，后片和后下摆克夫缝合，再合侧缝，侧缝缝份烫分开。

（5）前后侧缝差作为侧缝省量，合并侧缝省，将侧缝省转移至肩省。肩省的位置依据款式图来定。将肩省与腰省连通，并画顺弧线，形成肩公主线。

（6）挂面在肩缝处为 3.5cm，底边离止口的尺寸为 9cm，如图 4-16 所示。

（7）衣身腰部设有褶裥，左右前片各两个，后片四个，裥量采用剪切展开法获得。

（8）由于后片为无肩省造型，后肩线比前肩线长 0.3cm 作为后肩线的吃势，以吻合肩胛骨的突起。

（9）衣领为双层对折，双层对折后，在领角处再一次对折。将衣领分割出一部分作为领座，采用剪开折叠法将领座变形，减小翻折线的长度。翻领与领座缝合时抽碎褶。

（10）衣袖在原型袖的基础上变化得到。以原型袖为基础，修改袖长、袖山高及袖山弧线。在袖山处采取剪切展开法获得褶量，并做好抽褶止点记号。衣袖为两片袖，在一片袖的基础上依据款式图合理设置分割线得到。袖口为泡泡袖，在袖口分割线处放出一定的褶量。

韩版女风衣的结构制图如图 4-15~ 图 4-20 所示。

八、结构图审核

结构制图完毕，应对结构图进行审核。审核内容包括结构图的吻合性、规格的一致性及结构图的完整性。

（1）结构图的吻合性。观察结构图（纸样）与样品是否相符（型与结构），细部造型结构与实物是否能够吻合，检查主要部位的结构线是否吻合，如图 4-21 所示。

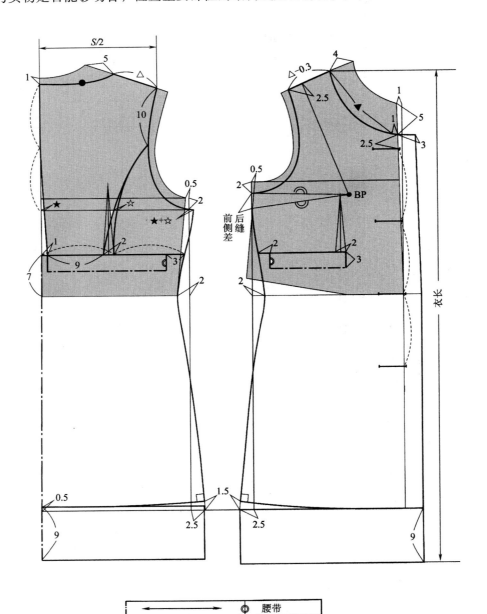

图 4-15 韩版女风衣衣身结构制图

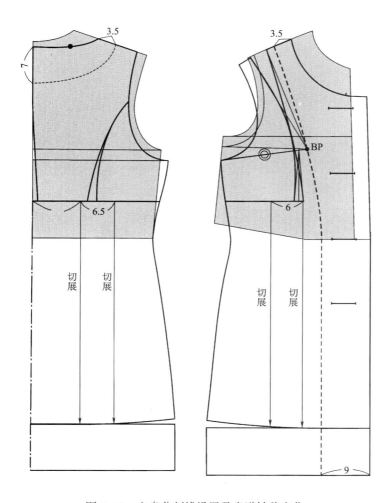

图 4-16 衣身分割线设置及省道转移变化

（2）规格的一致性。审核结构图规格与成品规格是否一致，是否考虑了成衣工艺要求，审核纸样相关规格与款式特点是否相适应。

（3）结构图的完整性。结构图是否全面、完整，是否包括任何的细节部分。

结构图审核如图 4-21 所示。

九、制作面料裁剪样板

（1）根据净样板放出毛缝，衣身样板的侧缝、分割缝一般放 1.2cm，肩缝、后中放 1.5cm，袖窿、领口、止口处一般放 1cm，底边放 3.5cm。

（2）衣袖放缝同衣身，袖山弧线放 1cm，袖缝放 1.2cm。

（3）挂面除肩缝处放 1.2cm 外，其余各边放 1cm。

（4）领底在后中拼缝处放缝 1.2cm；除翻折线外，其他放缝 1cm。

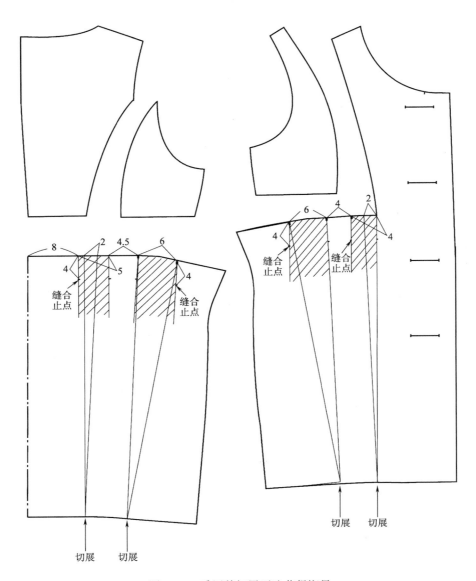

图 4-17 采用剪切展开法获得裥量

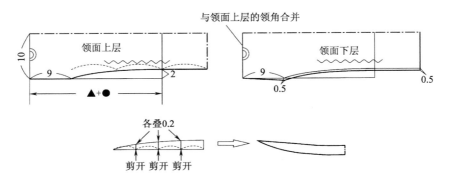

图 4-18 韩版女风衣衣领结构制图

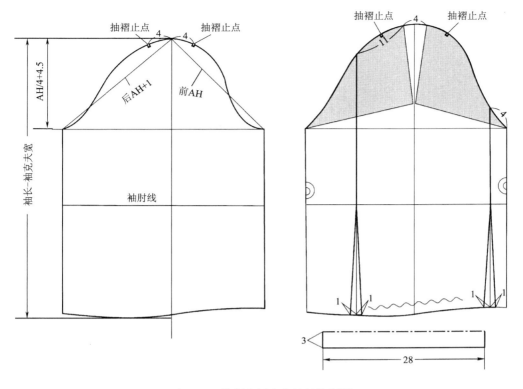

图 4-19 韩版女风衣衣袖结构制图

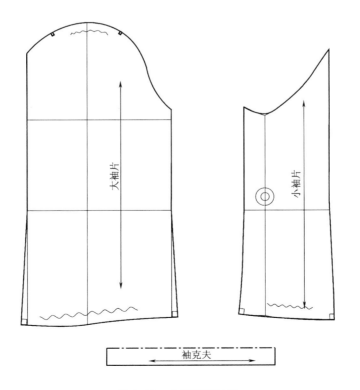

图 4-20 分离出两片袖

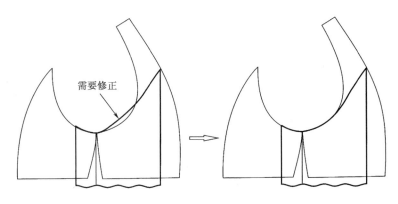

需要修正

图 4-21　修正小袖片袖底弧线

上衣样板的放缝并不是一成不变的，其缝份大小可以根据面料、工艺处理方法等的不同而发生相应的变化。需要注意的是，相关联部位的放缝量必须一致，如衣身的领口和袖窿的缝份是 1cm，那么衣领的领口线和衣袖的袖山弧线缝份也必须是 1cm。放缝时转角处毛缝均应保持直角。

另外，样板上还应标明款式名称、丝缕线和该款服装的成品规格或号型规格，写上裁片名称和裁片数量，并在必要的部位打上剪口，如有款式编号，也应在样片上标明。

面料裁剪样板及文字标注如图 4-22、图 4-23 所示。

十、制作里料裁剪样板

为了避免穿着时衣里对面的牵扯，成衣的里料要比面料松，所以里料样板需比面料样板稍大。此外，里料的省比面料的省稍小。

（1）前后片里料净样板制作。里料裁剪样板的制作要符合内外层结构的吻合关系。此款风衣分割缝较多，制作里料样板时可减少分割线，保证部位尺寸基本相同。如图 4-24 所示，前后侧缝差转化为活褶，前后片各设一橄榄省，省大为 1.5cm，里料底边为活口，比面料短 3cm。

（2）前片里料样板制作。前片里料样板在净板的基础上制作，去掉挂面宽后，在挂面净缝线的基础上放 1cm，肩缝参照面料放缝后，在肩端点处再放出 0.5cm 作为袖窿松量，底边在面料底边净缝线的基础上放出 3cm 作折边用，其余各边参照面料放缝后再放 0.2cm。

（3）后片里料样板制作。肩缝参照面料样板放缝后，在肩端点处再放出 0.2 ~ 0.5cm 作为袖窿的松量；后片的后中线参照面料样板放缝后，再放 1cm 至腰节线；底边在面料样板底边净缝线的基础上下落 3cm 作折边用，其余各边均参照面料样板放缝后再放 0.2cm。

（4）袖片里料样板制作。大袖片在袖山顶点加放 0.2cm，小袖片在袖底弧线处加放 1cm，大小袖片在外侧袖缝线处抬高 0.5cm，在内侧袖缝线处抬高 0.8cm，内外袖缝线及袖口均放 0.2cm。

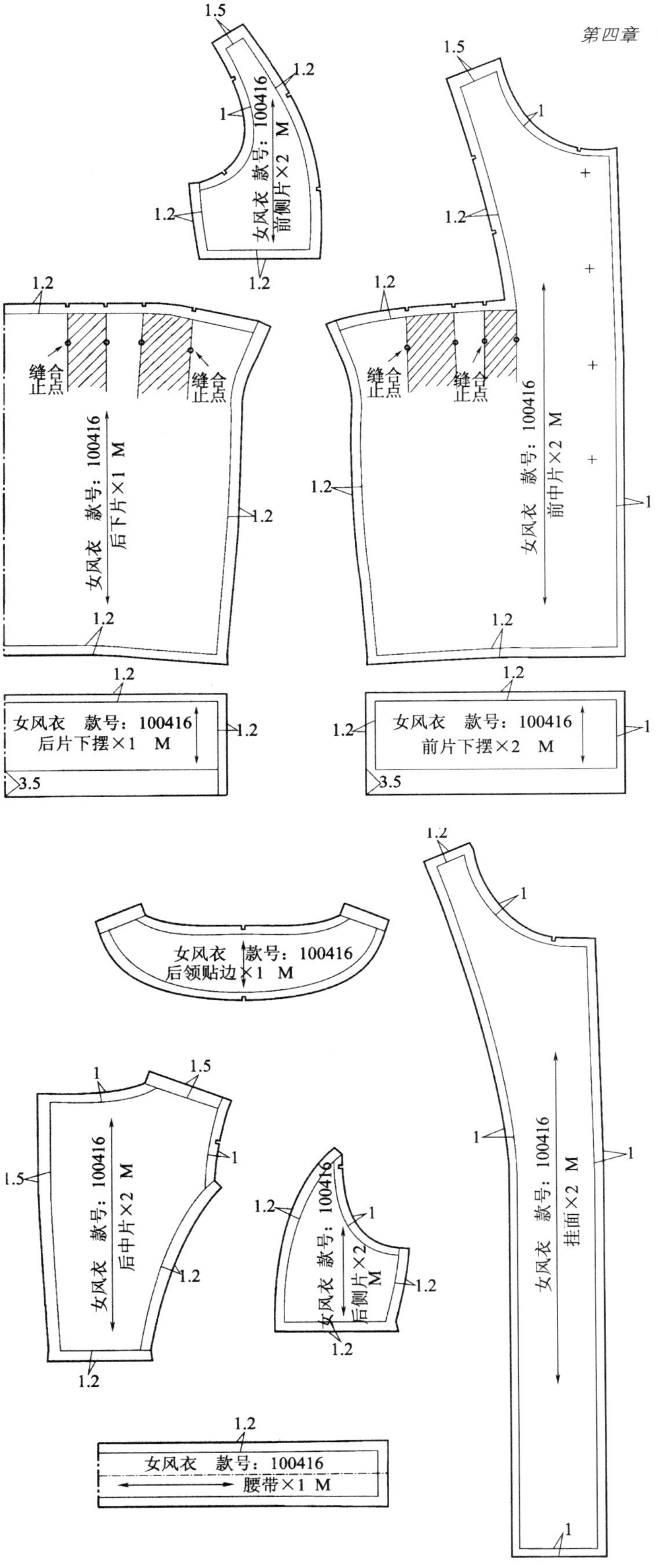

图4-22　韩版女风衣衣身面料样板

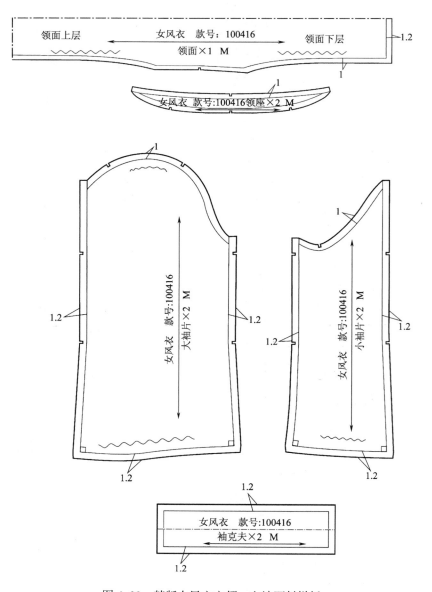

图 4-23 韩版女风衣衣领、衣袖面料样板

里料样板同面料样板一样，作上记号，标出丝缕方向，写上文字标注。里料裁剪样板及文字标注如图 4-24~ 图 4-26 所示。

十一、制作衬料裁剪样板

衬料裁剪样板及文字标注如图 4-27 所示。衬料裁剪样板是在面料裁剪样板（毛板）的基础上，进行适当调整而得出。衬料样板要比面料样板稍小，一般情况下每条缝分别小 0.3cm，这样便于黏合机粘衬。

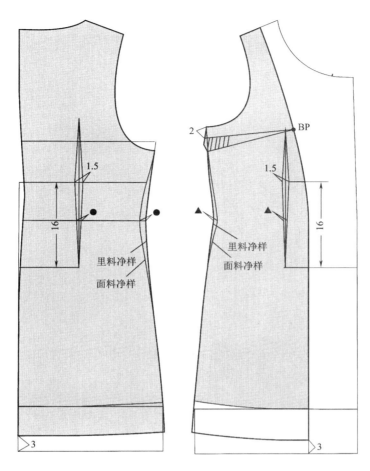

图 4-24　韩版女风衣衣身里料净样板

（1）挂面、袖克夫全部粘衬；为了使服装做好后轻薄柔软，领面不粘衬，领座粘衬，前片部分粘衬，可选择质地轻薄柔软的黏合衬。

（2）后片领口、袖窿可不粘黏合衬，用牵条代替。

衬料样板同面料、里料样板一样，要作好丝缕方向及文字标注。

十二、制作工艺样板

工艺样板的选择和制作如图 4-28 所示。

（1）领净样。领外止口及领角为面料对折，因此衣领工艺样板的外止口是净缝，领口为毛缝。

（2）袖克夫净样。用来画袖克夫的净缝线，以控制袖克夫的净长和净宽尺寸，四周都为净缝。

（3）扣眼位样板：扣眼位样板是在服装做完后用来确定扣眼位置的，因此止口边应该是净缝，扣眼的两边锥孔，锥孔时注意应在实际的扣眼边进 0.2cm。

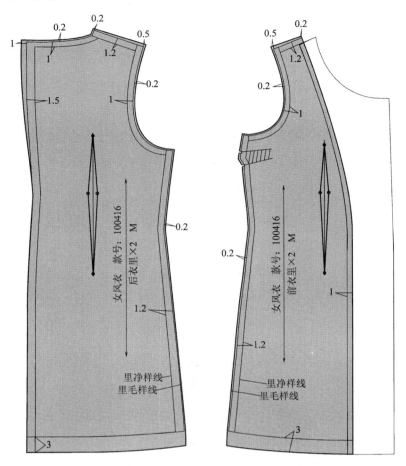

图 4-25　韩版女风衣衣身里料样板

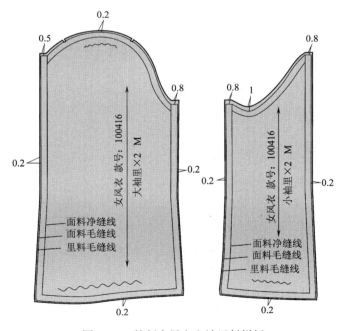

图 4-26　韩版女风衣衣袖里料样板

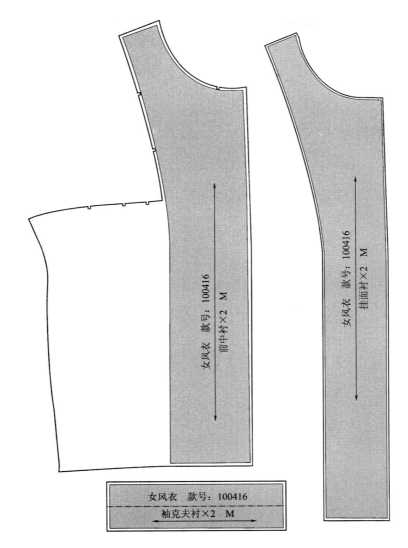

图 4-27　韩版女风衣衬料样板

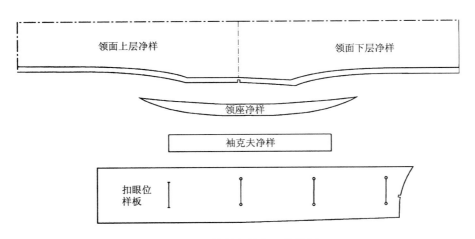

图 4-28　韩版女风衣工艺样板

十三、样板复核

虽然样板在放缝之前已经进行了检查，但为了保证样板准确无误，整套样板完成之后，仍然需要进行复核。

十四、服装成衣展示

服装成衣展示如图 4-29 所示。

(a) 正面　　　　　　　　(b) 背面　　　　　　　　(c) 侧面

图 4-29　韩版女风衣展示图

实训十六　企领女外套制板

如图 4-30 所示为企领女外套效果图，要求根据效果图制出样板并试制样衣。

一、描述款式特征

此款为合体女外套，强调双明缉线等装饰性元素的运用。风衣式企领；单排两粒扣，圆下摆；前身左右各设有袋盖的明贴袋；肩部设一斜向分割线，前身设纵向分割缝；背部横向断开设育克，育克底部为 V 字形，与后身重叠 2cm；后身左右各设纵向分割缝；后腰部明贴装饰性腰带；两片圆装袖。服装整体风格偏硬朗、干练。

图 4-30　风衣企领女外套效果图

二、绘制服装款式图

根据所描述的款式特征，绘制服装款式图，如图 4-31 所示。

图 4-31　企领女外套款式图

三、成衣规格设计

　　选择国家号型标准中的中间体号型（160/84A）作为成衣的中号（M）规格，其具体部位的规格设定如下。

　　（1）衣长：根据款式要求，衣长应比一般服装偏短，可设为臀围线以上 3cm，M 码衣长设计为 57cm。

　　（2）胸围：从效果图来看，此款服装较合体，合体服装胸围加放量一般为 8~12cm，图上模特儿里面只着一件贴身内衣，故本款胸围放松量选择 10cm，M 码胸围设计为94cm。

　　（3）肩宽：结合造型因素在净肩宽的基础上不做加放，突出利落的感觉。160/84A 标准体净肩宽为 39.4cm，这里 M 码肩宽取 39cm。

　　（4）领围：因为是翻驳领，故领围取基本值 36cm。具体结构制图时可以在基本型领口的基础上，根据款式要求做相应变化。

　　（5）腰围：腰围的控制量与服装的合体程度有关。此款属合体服装，胸、腰围差一般控制在 12~14cm 范围内，本款胸、腰围差选择 14cm，因此 M 号腰围设计为 80cm。

　　（6）摆围：此款因其造型合身，摆围在胸围基础上加放 2cm，取值 96cm。

　　（7）袖长：根据款式要求，外套袖长应过手腕 3~4cm，160/84A 标准体全臂长为51cm，这里加放 4cm，因此本款 M 码袖长设计为 55cm。

　　将设计好的成衣主要部位规格尺寸填写在规格尺寸表中，规格尺寸表应含有主要部位、规格尺寸、号型等，见表 4-8。

表 4-8　企领女外套成衣主要部位规格尺寸表　　　　　　　　　　单位：cm

规格 部位 号型	衣长（L）	胸围（B）	腰围（H）	摆围	肩宽（S）	袖长（SL）	袖口围
160/84A	57	94	80	96	39	55	26

四、服装工艺分析

翻领、门襟止口、前肩斜向分割线、前后身纵向分割线、后身腰带、衣袖外偏袖缝、大袋身及袋盖三周止口处各缉 0.1+0.6cm 双明线；底领、前贴袋斜向装饰线各缉 0.1cm 明线；袋口缉 1cm 单明线；袋盖上口定位处缉 0.7cm 单明线；后肩横向育克分割线缉 2cm 单明线。贴袋袋身加袋里做光；底领前端与翻领缝合处止口不可冲出。右门襟锁圆头眼两个，左里襟钉两粒扣；左右袋盖各锁圆头眼一个，左右袋身各钉一粒扣。

五、编写样衣生产指示单

根据本款设计图分析结果，按服装生产工艺文件格式编写样衣生产指示单，见表 4-9。

六、样板尺寸制订

该款服装为常规生产方式，衣长、袖长、胸围、腰围、摆围均考虑 1cm 的缩率，肩宽考虑 0.5cm 的缩率，那么实际的制板衣长为 58cm，袖长为 56cm、胸围为 95cm、腰围为 81cm、摆围为 97cm、肩宽为 39.5cm、袖长为 56cm。160/84A 企领女外套的样板规格见表 4-10。

七、结构制图

选择国家号型标准中的中间体 160/84A（M 码）作为成衣的中号规格，根据表 4-10 的样板规格进行制图，制图时采用净胸围为 84cm 的原型。

（1）由于原型已加 10cm 松量，该款服装 M 码胸围的样板规格为 95cm，只需再增加 1cm 松量，可以全部分配在前片，制图时前片胸围追加 0.5cm。腰围、摆围放量同胸围，如图 4-32 所示。

（2）分割线位置的设计应根据款式图来确定。后片纵向分割线设定时应考虑后中不断开，后中片不宜过宽，在二等分后胸围大的基础上往后中偏 3cm 确定分割线位置，如图 4-32 所示。前片纵向分割线位置设定应偏离 BP 点，与横向侧胸省相交时余量控制在 0.5cm 以内，便于缩缝处理，如图 4-35 所示。

（3）育克在后中的长度为 15cm，与后下片（后中片＋后侧片）重叠 5cm。沿育克曲线底边单缉 2cm 明线，将育克固定在后下片上，如图 4-32、图 4-38 所示。

（4）育克曲线、后腰带曲线、袋盖曲线、驳角、贴袋圆角、门襟圆下摆等造型是设计因素，可以自己设定曲度。后肩省、前胸省省道合并后弧线要修顺。

表4-9 企领女外套样衣生产指示单

款号：100412

名称：企领女外套

下单日期：2010.04.05　　完成日期：2010.04.27

款式图（含正面、背面）：

款式说明：

此款为合体女外套，强调双明绳线等装饰性元素的运用。风衣式企领；单排两粒扣；圆下摆；前身左右各设有袋盖的明贴袋；肩部横开设有分割线，前身设一斜向分割缝；背部横向设有育克。育克底部为V字形，与后身重叠2cm；后身左右设纵向分割缝；后腰部明贴装饰性腰带。两片圆装袖。服装整体风格偏硬朗，干练。

规格表

单位：cm

部位 \ 规格	150/76A XS	155/80A S	160/84A M	165/88A L	170/92A XL	档差	公差
衣长（A）	53	55	57	59	61	2	±1
胸围（B）	86	90	94	98	102	4	±1.5
腰围（C）	72	76	80	84	88	4	±1.5
摆围（D）	88	92	96	100	104	4	±1.5
肩宽（E）	36.6	37.8	39	40.2	41.4	1.2	±0.8
袖长（F）	52	53.5	55	56.5	58	1.5	±0.8
袖口围（G）	24	25	26	27	28	1	±0.5

工艺说明：

翻领、门襟止口、前肩斜向分割线、前后身纵向分割线、后腰带、衣袖外侧缝、后背缝向装饰线各缉0.1cm，大袋身及袋盖三周止口处各缉0.1+0.6cm双明线；底领、前贴袋斜向装饰线各缉0.1cm明线；袋口缉1cm单明线；袋盖上口定位处缉0.7cm单明线；后肩横向育克分割线缉2cm单明线。贴袋袋身加里料做光，底领前端与翻领领圈合处止口不可冲出。右门襟锁圆头眼两个，左门襟各锁圆头眼一个，左右袋盖各钉一粒扣。

成品要求：

外形：前后方正，袖山头圆顺，前后一致，缝子挺直，没有水花和极光，防止透黄变色。样衣要求缝线平整，绛线宽窄一致，整洁，无污迹，无线头

辅料：配色涤丝纺140cm，幅宽90cm；无纺粘合衬100cm，幅宽110cm（备用）；衬3m；树脂纽扣20L4+1（备用）个，防伸配色缝纫线；商标，洗水标

面料：中薄型毛涤混纺人字纹面料125cm，幅宽144cm

表 4-10　企领女外套样板规格表　　　　　　　　　　单位：cm

规格　　部位 号型	衣长（L）	胸围（B）	腰围（W）	摆围	肩宽（S）	袖长（SL）	袖口围
160/84A	58	95	81	97	39.5	56	26

（5）此款为合体女装，衣身制图时前后袖窿弧线要适当挖深，前后袖窿弧线最低处要有 1~2cm 与胸围线吻合，前后袖窿弧线对合处要确保圆顺。

（6）在一片原型袖的基础上根据袖窿弧长进行一片袖制图，然后根据前后袖肥的 1/2 作大小袖分割基础线，最后进行袖偏量设计，得出两片合体袖。具体作图时一片袖袖山弧线走势要根据原型袖袖山弧线走势来定，小袖弧线为一片袖的对应弧线，袖口大通过袖肥大减去 4.5cm 来定，如图 4-39 所示。

（7）在衣领制图中，为了使成形后的衣领合体，将翻领、底领翻折线共进行九等分，采用剪开折叠法将底领变形，减小翻折线的长度，可以使翻领更加贴合底领，底领更加合体，如图 4-34 所示。

（8）衣袖制好后，要用拷贝纸复描袖窿形状（包括胸围线、侧缝点），并与两片袖对应复核，对应时要注意胸围线与袖肥底线重合，侧缝点与小袖弧线最低点重合。复核时如果发现袖底弧线与衣身的袖窿弧线不吻合，要根据衣身袖窿弧线修正袖底弧线，如图 4-40 所示。

企领女外套的结构制图如图 4-32~ 图 4-40 所示。

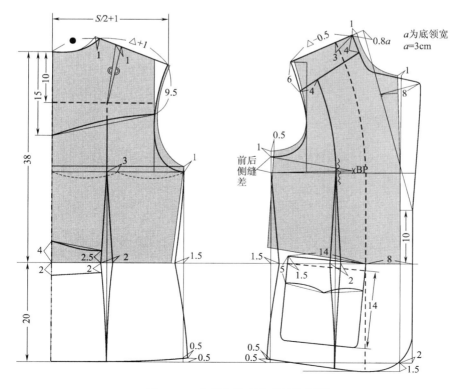

图 4-32　企领女外套衣身结构制图

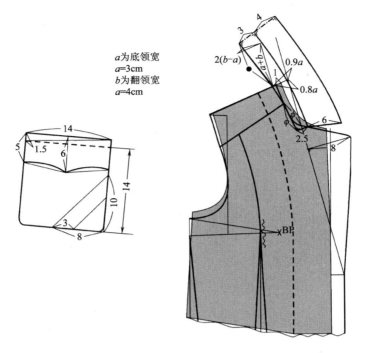

a为底领宽
a=3cm
b为翻领宽
a=4cm

图4-33 企领女外套衣领及口袋结构制图

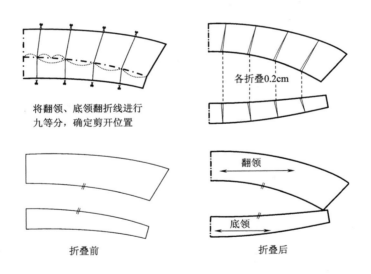

将翻领、底领翻折线进行
九等分,确定剪开位置

各折叠0.2cm

翻领

底领

折叠前

折叠后

图4-34 衣领变化制图

八、结构图的审核

结构制图完毕,应对结构图进行审核。审核内容包括结构图的吻合性、规格的一致性及结构图的完整性。

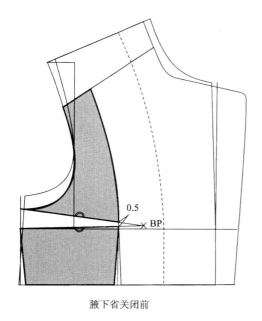

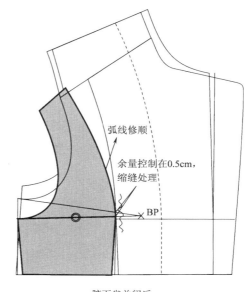

腋下省关闭前

腋下省关闭后

图 4-35 腋下胸省转移示意图

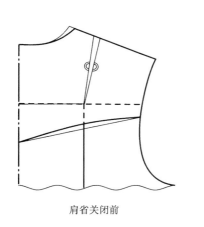

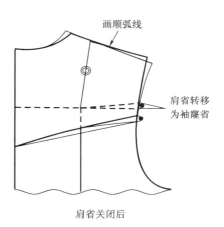

肩省关闭前

肩省关闭后

图 4-36 肩省转移示意图

九、制作面料裁剪样板

（1）根据净样板放出毛缝，衣身样板的侧缝、肩缝、分割缝、袖窿、领口、止口处一般放缝 1cm，底边放 4cm。

（2）衣袖放缝同衣身，袖山弧线、内外侧拼缝放 1cm，袖口放 4cm。

（3）挂面在肩缝处宽 3cm，止口处宽 8cm，挂面各边均放缝 1cm。

（4）翻领领面除领下口放 1cm 外，其余三周均放缝 1.2cm，领里四周均放缝 1cm，放缝差值基于领止口不能反吐，衣领窝势造型方面的考虑；底领领面、领里四周均放缝 1cm。

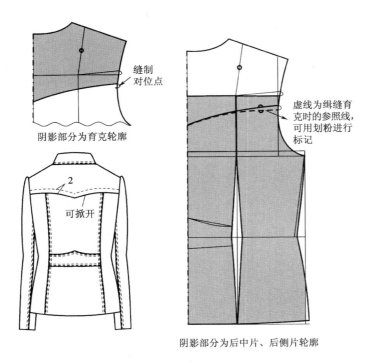

阴影部分为育克轮廓

缝制
对位点

2

可掀开

虚线为缉缝育
克时的参照线,
可用划粉进行
标记

阴影部分为后中片、后侧片轮廓

图 4-37 后中片、后侧片、育克轮廓示意图

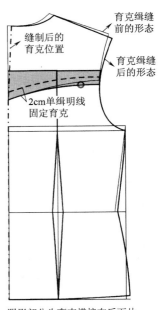

缝制后的
育克位置

育克缉缝
前的形态

育克缉缝
后的形态

2cm单缉明线
固定育克

阴影部分为育克搭接在后下片
上的重叠部分

图 4-38 育克搭接示意图

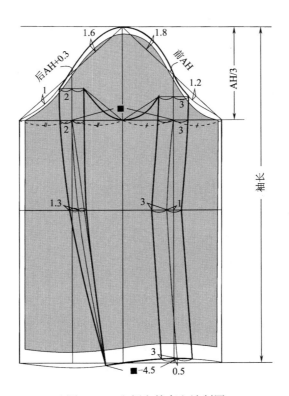

图 4-39 企领女外套衣袖制图

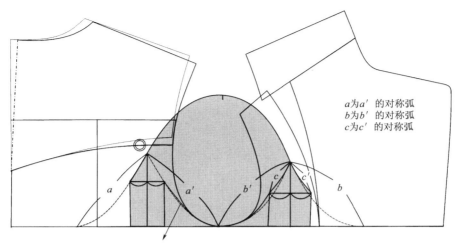

a为a′的对称弧
b为b′的对称弧
c为c′的对称弧

虚线为修正线，根据袖窿弧画顺袖底弧及
大袖袖山下沿部分

(a)

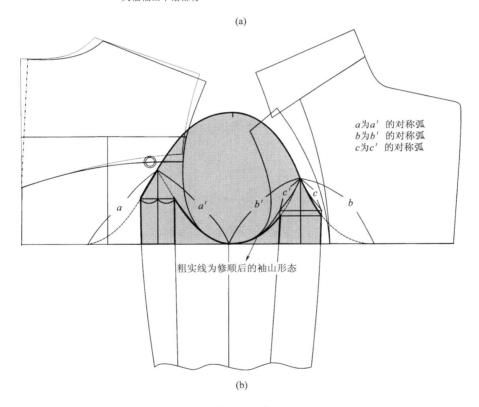

a为a′的对称弧
b为b′的对称弧
c为c′的对称弧

粗实线为修顺后的袖山形态

(b)

图 4-40　袖山弧线修正示意图

（5）贴袋袋身有两道 0.1cm 的斜装饰线，所以三边放 2cm，缉好装饰线后，再用袋身工艺样板修掉多余缝份。袋口贴边宽 2.5cm，其中 1cm 用于拼接袋身里料，袋身正面单缉 1.5cm 明线。

（6）袋盖上口放 1.3cm，其中 0.5cm 用于第一次固定袋盖，0.7cm 用于袋盖向下翻折后单缉 0.7cm 明线第二次固定袋盖，0.1cm 考虑到面料厚度，袋盖其余各边均放缝 1cm。

（7）放缝时转角处毛缝均应保持直角。

另外，样板上还应标明款式名称、丝缕线和该款服装的成品规格或号型规格，写上裁片名称和裁片数量，并在必要的部位打上剪口，如有款式编号，也应在样片上标明。

面料裁剪样板及文字标注如图 4-41 ~ 图 4-44 所示。

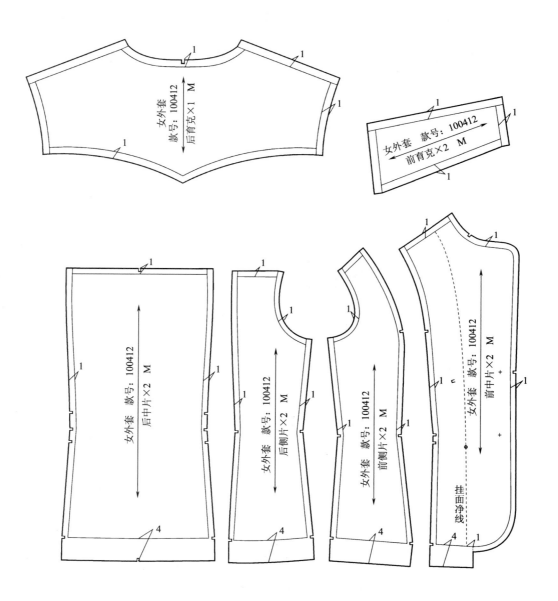

图 4-41　企领女外套衣身面料样板

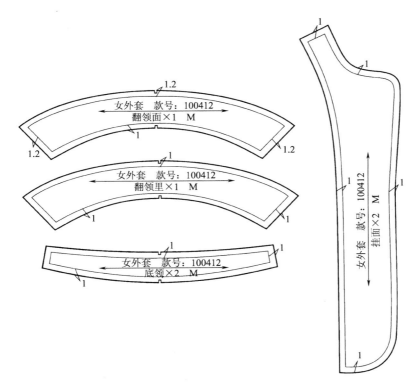

图 4-42 企领女外套衣领、挂面面料样板

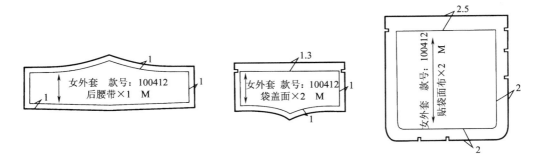

图 4-43 企领女外套腰带、贴袋面料样板

十、制作里料裁剪样板

为了避免穿着时衣里对面的牵扯，成衣的里料要比面料松，所以里料样板需比面料样板稍大。此外，里料的省比面料的省稍小。里料裁剪样板可以在面料净板或毛板的基础上进行松量加放，本实训在面料净板的基础上配置里料毛板。

（1）后片里料样板制作。将后片育克、后中片、后侧片的净样板合并，如图 4-45（a）所示。后片领口放 1.2cm，肩缝在肩端点处放 1.5cm；后片的后中线放 1cm 至底边；底边在面料样板底边净缝线的基础上下落 1cm，其余各边均放 1.2cm，如图 4-45（b）

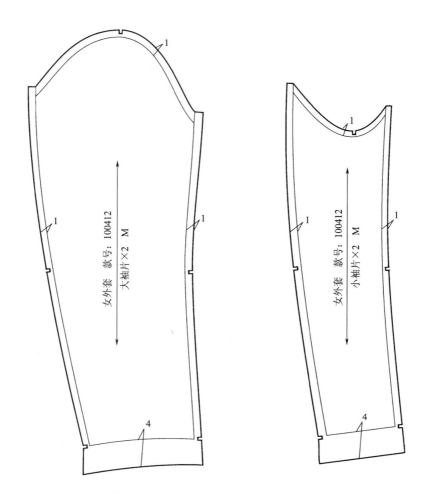

女外套 款号：100412　大袖片×2　M

女外套 款号：100412　小袖片×2　M

图 4-44　企领女外套衣袖面料样板

所示。

（2）前片里料样板制作。将前片育克、前中片、前侧片的净样板合并，如图 4-46（a）所示。去掉挂面宽后，在挂面净缝线的基础上放 1cm，肩缝同后片，在肩端点处放 1.5cm，底边在面料样板底边净缝线的基础上下落 1cm，其余各边放 1.2cm，如图 4-46（b）所示。

（3）袖片里料样板制作。大袖片在袖山顶点放 1.5cm，小袖片在袖底弧线处放 1.5cm，大小袖片在内外侧袖缝线处均抬高 2cm，大小内外袖缝线均放 1.2cm。大小袖口均在面料样板袖口净缝基础上下落 1cm，如图 4-47 所示。

（4）零部件里料样板制作。后育克里料采用斜丝缕，在育克与后下片重叠轮廓基础上四周放 1cm 缝份。贴袋里料、袋盖里料放缝如图 4-48 所示。

里料样板同面料样板一样，作上记号，标出丝缕方向，写上文字标注。里料裁剪样板及文字标注如图 4-45~ 图 4-48 所示。

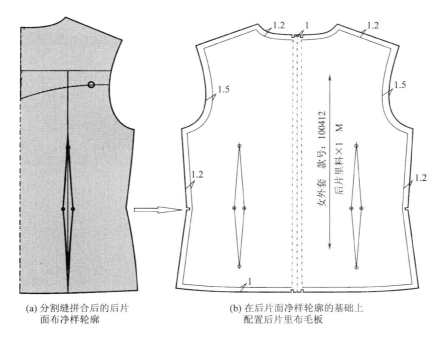

(a) 分割缝拼合后的后片
面布净样轮廓

(b) 在后片面净样轮廓的基础上
配置后片里布毛板

图 4-45 企领女外套后片里料样板

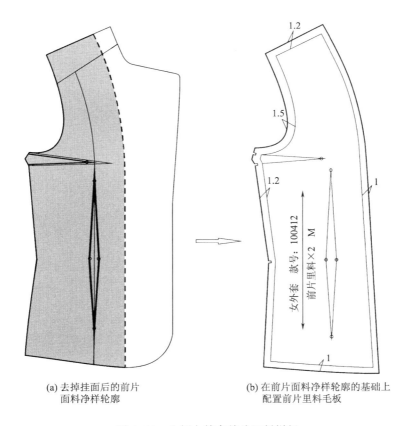

(a) 去掉挂面后的前片
面料净样轮廓

(b) 在前片面料净样轮廓的基础上
配置前片里料毛板

图 4-46 企领女外套前片里料样板

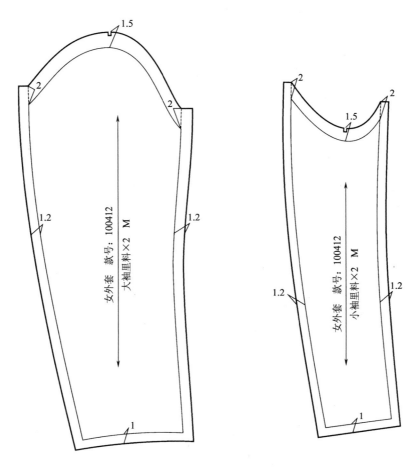

图 4-47　企领女外套衣袖里料样板

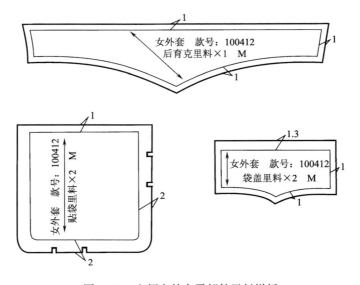

图 4-48　企领女外套零部件里料样板

十一、制作衬料裁剪样板

衬料裁剪样板及文字标注如图 4-49、图 4-50 所示。

（1）前中片、挂面、翻领面、底领面、袋盖面粘整片黏合衬；除了前中片，衣身底边贴边、袖口贴边均粘衬，可采用质地轻薄柔软的无纺黏合衬。

（2）育克领口、袖窿可不粘黏合衬，用牵条代替。

衬料样板同面料、里料样板一样，要作好丝缕线及文字标注。

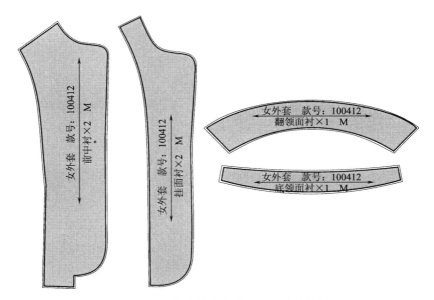

图 4-49　企领女外套衣身、衣领衬料样板

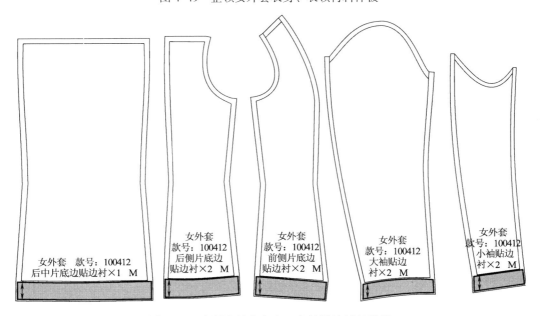

图 4-50　企领女外套衣身、衣袖贴边衬料样板

十二、制作工艺样板

工艺样板的选择和制作如图 4-51 所示。

（1）领净样。翻领工艺样板的四周都是净缝，底领领口为毛缝，其余三周为净缝，即三净一毛。

（2）袋盖净样。用来划袋盖的净缝线，以控制袋盖的净长和净宽尺寸，四周都为净缝。

（3）贴袋净样。袋身面料、里料缝合后，用袋身净样进行扣烫，以控制贴袋造型。袋身净样宽度两边各缩进 0.1cm，确保袋盖能盖住袋口。

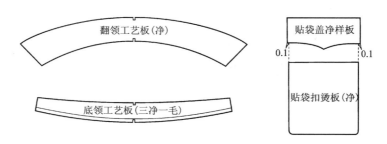

图 4-51　企领女外套工艺样板

十三、面料样板排料

本款采用中薄型毛涤混纺人字纹面料，幅宽 144cm，耗料 125cm。本实训排料方案如图 4-52 所示。排料前需熨平面料，矫正布纹。

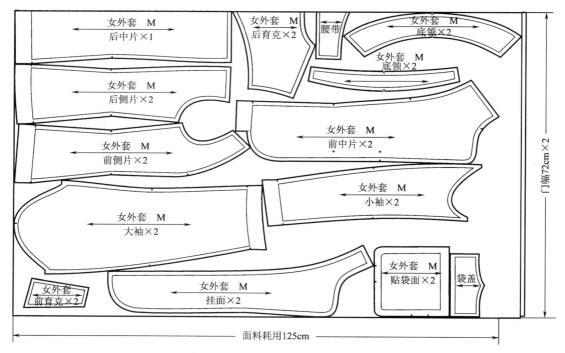

图 4-52　企领女外套面料样板排料图

十四、里料样板排料

本款采用配色涤丝纺里料，幅宽 90cm，耗料 140cm，本实训排料方案如图 4-53 所示。

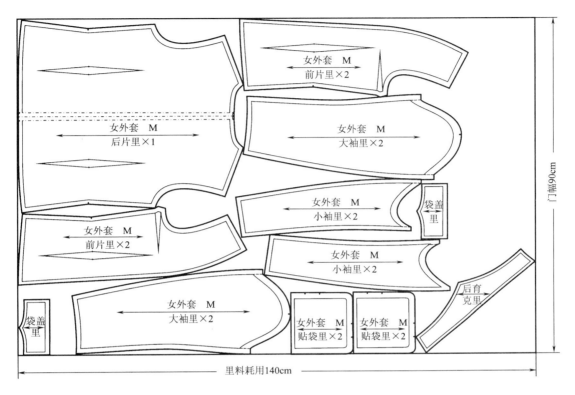

图 4-53 企领女外套里料样板排料图

十五、工业推板

选取中间号型规格样板作为标准母板，选定衣片前、后中心线、袖中线作为推板时的纵向公共线，胸围线、袖山高线作为横向公共线，前后侧片均以胸围线作为横向公共线，以衣身分割线作为纵向公共线，在标准母板的基础上推出大号和小号标准样板。各部位档差及计算公式见表 4-11，推板如图 4-54 ~ 图 4-58 所示。

表 4-11 企领女外套推板档差及计算公式 单位：cm

部位名称		部位代号	档差及计算公式			
			纵档差		横档差	
前中片	育克分割线	A	0.8	袖窿深档差 0.8	0.4	1/2 肩宽档差 ×2/3
		B	0.8	袖窿深档差 0.8	0.2	前领宽档差 0.2
	前领	C	0.6	袖窿深档差 0.8- 前领深档差 0.2	0	由于是公共线，故不推放

部位名称		部位代号	档差及计算公式			
			纵档差		横档差	
前中片	底边	E	1.2	衣长档差 2 — 袖窿深档差 0.8	0	由于是公共线，故不推放
		E'	1.2	同 E 点	0	同 E 点
		E''	1.2	同 E 点	0.3	胸宽档差的 1/2
	腰节	F	0.2	腰长档差 1 — 袖窿深档差 0.8	0.3	胸宽档差的 1/2
	驳折点	G	0	由于是公共线，故不推放	0	由于是公共线，故不推放
前侧片	育克分割线	A	0.8	袖窿深档差 0.8	0.4	肩宽档差的 1/2 — 0.2
		B	0.8	袖窿深档差 0.8	0	由于是公共线，故不推放
	前胸围	C	0	由于是公共线，故不推放	0.7	胸围档差的 1/4 — 0.3
	底边	D	1.2	衣长档差 2 — 袖窿深档差 0.8	0.7	同 C 点
		D'	1.2	同 D 点	0	由于是公共线，故不推放
	腰节	E	0.2	腰长档差 1 — 袖窿深档差 0.8	0.7	同 C 点
		E'	0.2	同 E 点	· 0	由于是公共线，故不推放
后育克	小肩线	A	0.6	袖窿深档差 0.8 — 0.2	0.6	肩宽档差的 1/2
		B	0.6	袖窿深档差 0.8 — 0.2	0.2	领宽档差 0.2
	后领	C	0.6	同 B 点，后领深为均值	0	由于是公共线，故不推放
	育克分割线	D	0	由于是公共线，故不推放	0.6	肩宽档差的 1/2
		E	0	由于是公共线，故不推放	0	由于是公共线，故不推放
后中片	育克分割线	A	0.2	袖窿深档差 0.8 — 后领中点档差 0.6	0	由于是公共线，故不推放
		B	0.2	袖窿深档差 0.8 — 后领中点档差 0.6	0.3	肩宽档差的 1/2 — 0.3
	胸围	C	0	由于是公共线，故不推放	0.3	胸围档差的 1/4 — 0.7
	底边	D	1.2	衣长档差 2 — 袖窿深档差 0.8	0.3	下摆围档差的 1/4 — 0.7
		D'	1.2	同 D 点	0	由于是公共线，故不推放
	腰节	E	0.2	腰长档差 1 — 袖窿深档差 0.8	0.3	胸围档差的 1/4 — 0.7
		E'	0.2	腰长档差 1 — 袖窿深档差 0.8	0	由于是公共线，故不推放

续表

部位名称		部位代号	档差及计算公式			
			纵档差		横档差	
后侧片	过肩分割线	A	0.2	袖窿深档差 0.8 — 0.6	0	由于是公共线，故不推放
		B	0.2	同 A 点	0.3	肩宽档差的 1/2 — 0.3
	胸围	C	0	由于是公共线，故不推放	0.7	胸围档差的 1/4 — 0.7
	底边	D	1.2	衣长档差 2 — 袖窿深档差 0.8	0.7	胸围档差的 1/4 — 0.3
		D′	1.2	同 D 点	0	由于是公共线，故不推放
	腰节	E	0.2	腰长档差 1 — 袖窿深档差 0.8	0.7	胸围档差的 1/4 — 0.3
		E′	0.2	腰长档差 1 — 袖窿深档差 0.8	0	由于是公共线，故不推放
挂面	小肩线	A	0.8	袖窿深档差 0.8	0.2	小肩均码
		B	0.8	袖窿深档差 0.8	0.2	前领宽档差 0.2
	领口	C	0.6	袖窿深档差 0.8 —前领深档差 0.2	0	由于是公共线，故不推放
	底边	E	1.2	衣长档差 2 —袖窿深档差 0.8	0	挂面宽为均码，故不缩放
大袖片	袖山高	A	0.6	1.5/10 胸围档差	0	由于是公共线，故不推放
	袖肥	B	0.2	袖山高档差的 1/3	0.4	袖肥档差的 1/2
		C	0	由于是公共线，故不推放	0.4	同 B 点
	袖长	D	0.9	袖长档差 1.5 —袖山高档差 0.6	0.4	同 C 点
		D′	0.9	袖长档差 1.5 —袖山高档差 0.6	0.1	袖口大档差 0.5 — D 点档差 0.4
	袖肘	F	0.15	袖长档差 /2 — 0.6	0.4	同 C 点
		F′	0.15	同 F 点	0.3	B 点档差 — 0.1
小袖片	袖山高	A	0.2	袖山高档差的 1/3	0.8	袖肥档差 0.8
	袖肥	B	0	由于是公共线，故不推放	0	由于是公共线，故不推放
	袖长	C	0.9	同大袖片 D 点	0	由于是公共线，故不推放
		C′	0.9	同 C 点	0.5	袖口大档差 0.5
	袖肘	D	0.15	同大袖片 F 点	0	由于是公共线，故不推放
		D′	0.15	同 D 点	0.6	袖口大档差 0.5 + 0.1

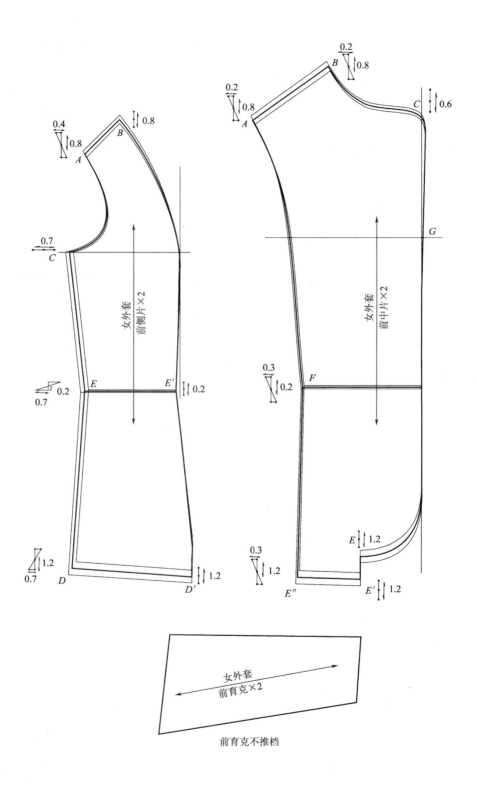

图4-54 前片推板图

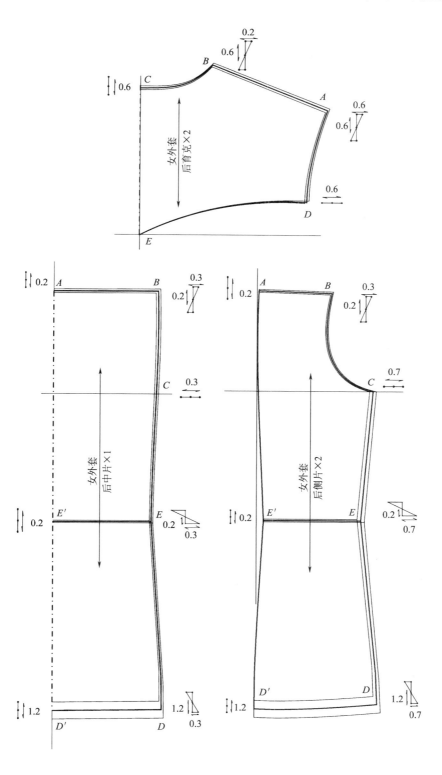

图 4-55 后片推板图

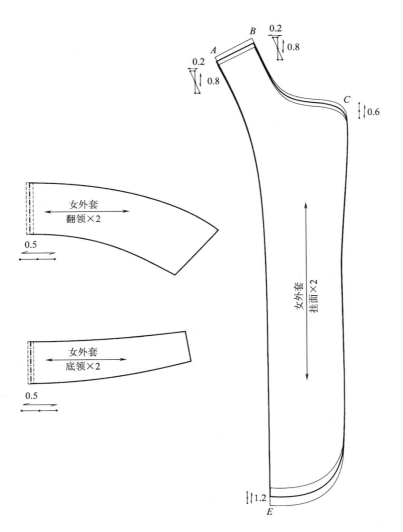

图 4-56　衣领、挂面推板图

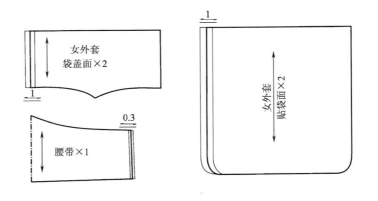

图 4-57　口袋、腰带推板图

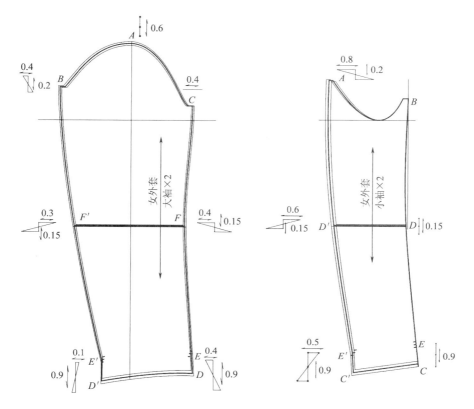

图 4-58 袖片推板图

十六、服装成衣展示

服装成衣展示如图 4-59 所示。

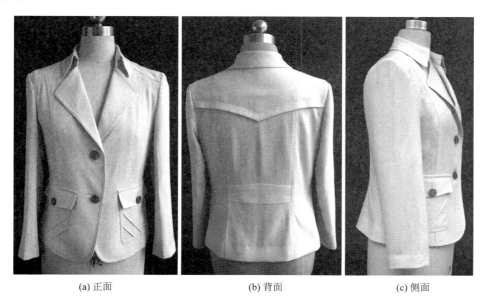

(a) 正面　　　　　　　　　(b) 背面　　　　　　　　　(c) 侧面

图 4-59 企领女外套服装成衣展示

实训十七　青果领女外套制板

如图 4-60 所示为青果领女外套效果图，要求根据效果图制出样板并试制样衣。

一、描述款式特征

此款为合体女外套，强调单明绲线等装饰性元素的运用。单排两粒扣，圆下摆；领型为后立前翻的领豁口式青果领；前片左右设夹袋盖的暗贴大袋；前后片均设通肩公主线；后中设背缝，后身腰部横向断开；两片式圆装袖，平袖口。整件服装造型修身，领型、腰部分割处绲明线、袋盖形状、后圆下摆等细节设计突出了女性的干练和娇俏。

图 4-60　青果领女外套效果图

二、绘制服装款式图

根据所描述的款式特征，绘制服装款式图，如图 4-61 所示。

图 4-61　青果领女外套款式图

三、成衣规格设计

选择国家号型标准中的中间体号型（160/84A）作为成衣的中号（M）规格，其具体部位的规格设定如下。

（1）衣长：根据款式要求，衣长应比一般服装偏短，可设为臀围线以上 2cm，M 码衣长设计为 58cm，显得时尚干练。

（2）胸围：从效果图来看，此款服装较合体，合体服装胸围加放量一般为 8~12cm，本款胸围放松量选择 8cm，M 码胸围设计为 92cm。

（3）肩宽：结合造型因素在净肩宽的基础上不做加放。160/84A 标准体净肩宽为39.4cm，这里 M 码肩宽取 39cm。

（4）领围：因为是翻驳领，故领围取基本值 36cm。具体结构制图时可以在基本型领口的基础上，根据款式要求做相应变化。

（5）腰围：腰围的控制量与服装的合体程度有关。此款胸围只加放了 8cm，属合体型服装，胸围与腰围的差数控制在 14~18cm，本款胸腰差选择 17cm，因此 M 号腰围设计为75cm。

（6）摆围：此款因其造型合身，摆围在胸围基础上加放 3cm，取值 95cm，后身两片式圆下摆也起到了开衩的功能性作用，可以调节下摆的围度。

（7）袖长：根据款式要求，外套袖长应过手腕 3~4cm，160/84A 标准体全臂长为51cm，这里加放 4cm，因此本款 M 码袖长设计为 55cm。

将设计好的成衣主要部位规格尺寸填写在规格尺寸表中，规格尺寸表应含有主要部位、规格尺寸、号型等，见表 4-12。

表 4-12　青果领女外套成衣主要部位规格　　　　单位：cm

规格＼部位　　号型	衣长（L）	胸围（B）	腰围（W）	摆围	肩宽（S）	袖长（SL）	袖口围
160/84A	58	92	75	95	39	55	25

四、服装工艺分析

翻领、门襟止口、前后身纵向分割线、后腰横向分割线、衣袖外偏袖缝、大袋盖三周止口处各缉 0.6cm 单明线；腰间斜向细褶、袋盖上口各缉 0.1cm 明线；袋口缉 1.5cm 单明线。青果领后面为立领，领里后中不断开；领口处收领口省；前后身纵向分割线在肩缝处应吻合；后片圆下摆加贴边。右门襟锁圆头眼两个，左里襟钉两粒扣。

五、编写样衣生产指示单

根据本款设计图分析结果，按服装生产工艺文件格式编写样衣生产指示单，见表 4-13。

六、样板尺寸制订

为了保证最终成衣规格在规定的服装公差范围内，样板规格就必须在成衣规格的基础上加放一定的量。一般要求是：样板规格 = 成衣规格 + 成衣规格 /（1- 缩率）。本款样板尺寸制订依据参见前面实训，规格尺寸见表 4-14。

七、结构制图

选择国家号型标准中的中间体 160/84A（M 码）作为成衣的中号规格，根据表 4-14 的样板规格进行制图，制图时采用净胸围为 84cm 的原型。

（1）由于原型已加 10cm 松量，该款服装 M 码胸围的样板规格为 93cm，只需减去 1cm 松量，可以全部分配在后片，制图时后片胸围追减 0.5cm。腰围、摆围放量同胸围。

（2）因为采用后立前翻的领型，所以衣领的倒伏量应为零，确保后面立领能抱脖。

（3）前片通肩公主线在下摆处呈弧形转向侧缝断开，利用这条弧形分割缝设计暗贴袋，实现装饰性和功能性的统一，结构设计时要注意裁片的完整性、正确性。

（4）腰部 0.1cm 的细裥可以在裁剪时放出余量，也可以忽略不放。

（5）前后通肩缝在肩部应吻合，都起到连省成缝的作用，后肩缝收肩胛省，前肩缝转移一部分胸省。同时领口处设领口省也转移一部分胸省量。

（6）此款为两片袖，利用衣身袖窿制图，衣身制图时前后袖窿弧线要适当挖深，前后袖窿弧线最低处要有 1~2cm 与胸围线吻合，前后袖窿弧线对合处要确保圆顺；袖山高根据 4/5 袖窿深加 1/15 袖窿深的调节量，意在缩窄袖肥。

表4-13 青果领女外套样衣生产指示单

款号：100414	名称：青果领女外套
下单日期：2010.04.05	完成日期：2010.04.27

款式图（含正面、背面）：

规格表　　单位：cm

规格　部位	150/76A XS	155/80A S	160/84A M	165/88A L	170/92A XL	档差	公差
衣长（A）	54	56	58	60	62	2	±1
胸围（B）	84	88	92	96	100	4	±1.5
腰围（C）	67	71	75	79	83	4	±1.5
摆围（D）	87	91	95	99	103	4	±1.5
肩宽（E）	37	38	39	40	41	1	±0.8
袖长（F）	52	53.5	55	56.5	58	1.5	±0.8
袖口围（G）	23	24	25	26	27	1	±0.5

工艺说明：

翻领，门襟止口，前后身纵向分割线，后腰横向分割线，衣袖外偏袖缝，大袋盖三周止口处各缉0.6cm单明线。腰间斜向细裥，袋盖上口各缉0.1cm明线，袋口缝1.5cm单明线。青果领后面为立领，领口处收领口省，前后身纵向分割线在肩缝处应吻合；后片圆下摆加贴边，右门襟锁圆头眼两个，左里襟钉两粒扣。

成品要求：

外形前后方正，袖山头圆顺，前后一致，缝子挺直，没有水花和极光，整洁，无污渍，无线头。样衣要求缝线平整，缉线宽窄一致，变色。

面料：中薄型毛涤混纺人字纹面料120cm，幅宽150cm。

辅料：无纺黏合衬100cm，幅宽110cm；防伸衬3m；树脂纽扣20L2+1（备用）个，配色缝纫线；商标，洗水标。

款式说明：

此款为合体女外套，强调单明缉线等装饰性元素的运用。单排两粒扣，前身翻口的领翻口式青果领；前片左右设支袋盖的暗贴大袋；两片式圆装袖，平袖口。后身腰部横向断开；后圆下摆等细节设计突出了女性的干练和娇俏。

为后立前翻的领襟口式青果领；单排两粒扣，圆下摆；领型后中设背缝，后身腰部纵向分割线通连有公主线；前后片均设通省，整件服装造型修身，领型，腰部斜向明缉线、袋盖形状，后圆下摆等细节设计突出了女性的干练和娇俏。

表 4-14　青果领女外套样板规格表　　　　　　　　　　单位：cm

部位 规格 号型	衣长（L）	胸围（B）	腰围（W）	摆围	肩宽（S）	袖长（SL）	袖口围
160/84A	59	93	76	96	39.5	56	25

（7）整件服装可以采用全里式、半里式和无里式。如为全里式，后片应采用独立式圆下摆，要用里料独立包覆；如为无里式，整件服装要用斜裁滚边包光做缝，本实训为无里式。

青果领女外套的结构制图如图 4-62~ 图 4-67 所示。

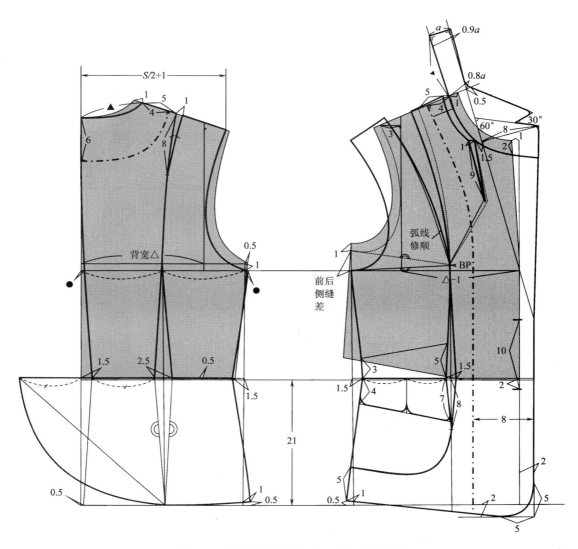

图 4-62　青果领女外套衣身、衣领结构制图

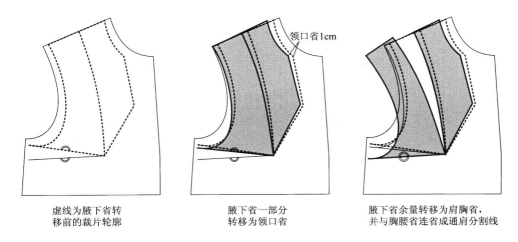

图 4-63 前片省道转移变化

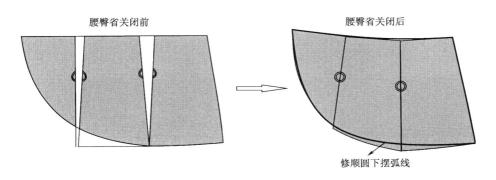

图 4-64 后片下摆省道转移变化

八、结构图审核

结构制图完毕，应对结构图进行审核。审核内容包括结构图的吻合性、规格的一致性及结构图的完整性。

九、制作面料裁剪样板

（1）根据净样板放出毛缝，衣身样板的侧缝、肩缝、分割缝、袖窿、领口、止口处一般放 1cm，后中放 1.5cm，下摆贴边宽为 4.5cm。

（2）衣袖放缝同衣身。袖山弧线、内外侧拼缝放 1cm，袖口放 3.5cm。

（3）挂面在肩缝处宽 3 .5cm，止口处宽 8cm。挂面领、门襟止口均放 1cm，挂面里口采用斜裁条包光处理。后领贴边放缝同挂面。

（4）前片领口预收领口省后再放 1cm。

（5）贴袋袋面上口在袋垫布上口的基础上缩进 0.5cm 再放 2.5cm，使袋口与袋盖有一定距离，方便插袋。袋盖面料四周放 1.2cm，里料四周放 1cm。

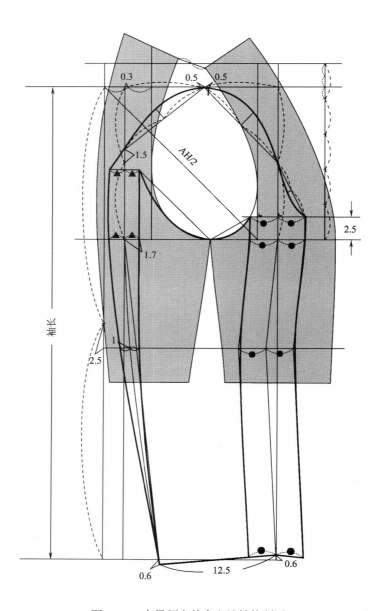

图 4-65　青果领女外套衣袖结构制图

（6）放缝时转角处毛缝均应保持直角。

面料裁剪样板及文字标注如图 4-68 ~ 4-73 所示。

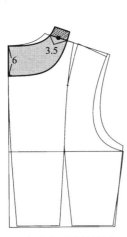

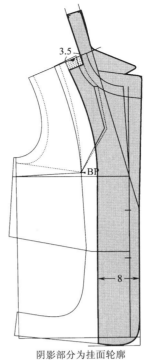

阴影部分为后领贴边轮廓

阴影部分为挂面轮廓

图 4-66　后领贴边、挂面轮廓图

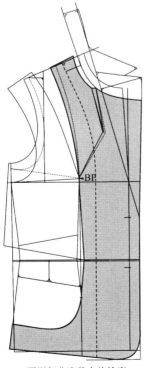

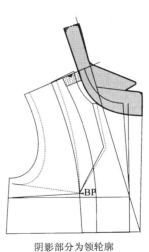

阴影部分为前中片轮廓

阴影部分为领轮廓

图 4-67　前中片、领轮廓图

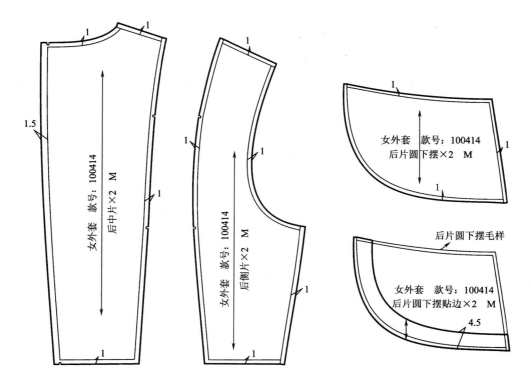

图 4-68　青果领女外套后身面料样板

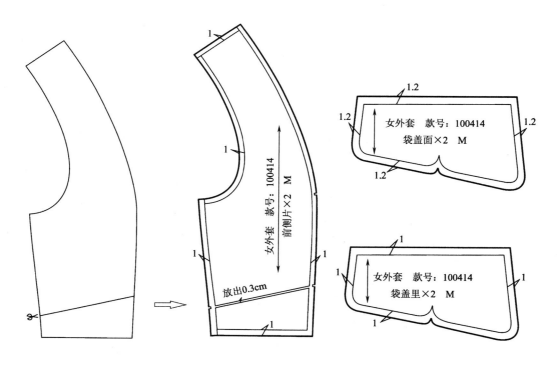

图 4-69　青果领女外套前侧片、袋盖面料样板

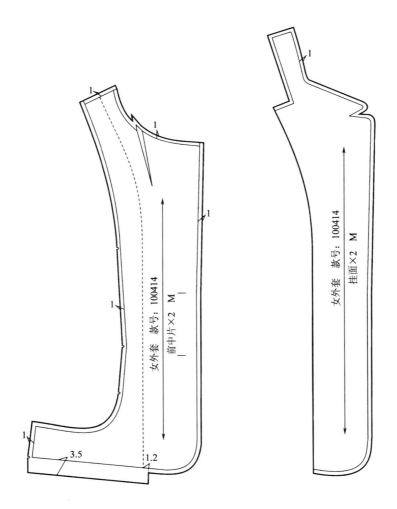

图 4-70　青果领女外套前中片、挂面面料样板

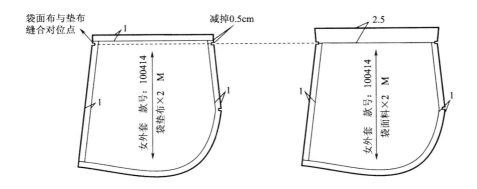

图 4-71　青果领女外套贴袋面料样板

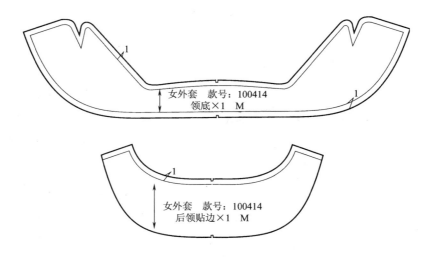

图 4-72　青果领女外套领底、后领贴边面料样板

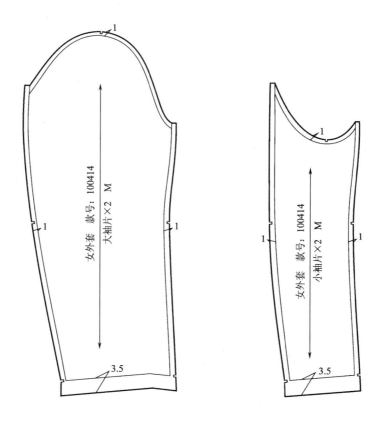

图 4-73　青果领女外套衣袖面料样板

十、服装成衣展示

服装成衣展示如图 4-74 所示。

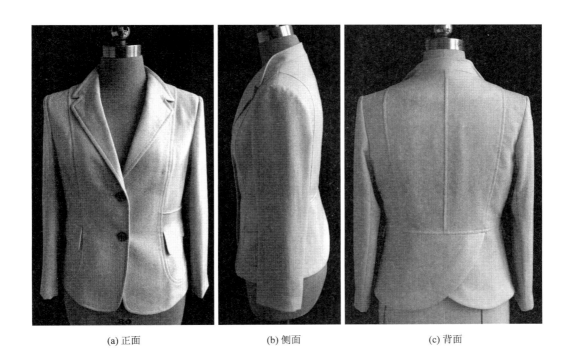

(a) 正面　　　　　　　　　　(b) 侧面　　　　　　　　　　(c) 背面

图 4-74　青果领女外套服装成衣展示

实训十八　弯弧领女外套制板

如图 4-75 所示为弯弧领女外套效果图，要求根据效果图制出样板并试制样衣。

一、描述款式特征

此款为弯弧领女外套。两粒扣，款型较合体；前片采用弧形公主线，借助弧形分割线设两个口袋，袋口被小腰带挡住，后衣身正中破缝，采用弧形刀背缝；衣袖为两片圆装袖，袖口开袖衩。

二、绘制服装款式图

根据所描述的款式特征，绘制款式图，如图 4-76 所示。

三、成衣规格设计

（1）衣长：根据款式要求，衣长应比一般服装偏短，可设为臀围线偏上些，M 码的后衣长设计为 54cm。

（2）胸围：此款因其造型较合身，服装胸围加放量一般为 8~12cm，本款胸围放松量选择 10cm，因此 M 码胸围设计为 94cm。

（3）肩宽：本款 M 码肩宽设计为 40cm。

（4）领围：领围在基本型领口的基础上，根据款式要求做相应

图 4-75　服装效果图

图 4-76　弯弧领女外套款式图

变化。

（5）腰围：腰围的控制量与服装的合体程度有关。此款属较合体型服装，胸腰差选择14cm，因此 M 码腰围设计为 80cm。

（6）袖长：根据款式要求，结合造型因素，袖长只要达到手腕处即可，本款 M 码袖长设计为 54cm。

将设计好的成衣主要部位规格尺寸填写在规格尺寸表中，规格尺寸表应含有主要部位、规格尺寸、号型等，见表 4-15。

表 4-15　弯弧领女外套成衣主要部位规格　　　　　　　　　　　单位：cm

规格　　部位 号型	衣长（L）	胸围（B）	腰围（W）	肩宽（S）	袖长（SL）	袖口大
160/84A	54	94	80	40	54	13

四、服装工艺分析

前衣身弧形分割线、腰带上下两边、后中缝、刀背缝处各缉 0.5cm 的单明线，口袋上3 个褶，各缉 0.15cm 明线；右门襟锁圆头眼两个，左里襟钉两粒扣；袖口开衩，钉两粒扣。

五、编写样衣生产指示单

样衣生产指示单是服装制板和样衣制作部门的重要依据之一，样衣生产指示单包含的内容有：款号、名称、下单日期、完成日期、款式图、款式说明、规格尺寸及测量部位、工艺说明、成品要求及辅料说明等。

根据本款设计图分析结果，按服装生产工艺文件格式编写样衣生产指示单，见表 4-16。

六、样板尺寸制订

该款服装为常规生产方式，衣长、袖长、胸围均考虑 1cm 的缩率，肩宽考虑 0.5cm 的缩率。修正后的 160/84A 弯弧领女外套的样板规格见表 4-17。

七、结构制图

选择国家号型标准中的中间体 160/84A（M 码）作为成衣的中号规格，根据表 4-17的样板规格进行制图，制图时采用净胸围为 84cm 的原型。

（1）由于原型已加 10cm 松量，该款服装 M 码胸围的样板规格为 95cm，只需再增加1cm 松量，由于量比较小，因此，只需在前片增加 0.5cm。

（2）分割线位置应根据款式图设置，并做好省道合并，合并省道后画顺弧线。

表4-16 弯弧领女外套样衣生产指示单

款号：FS-100404A	名称：弯弧领女外套
下单日期：2010.04.04	完成日期：2010.04.15

款式图（含正面、背面）：

规格表

单位：cm

规格 部位	150/76A XS	155/80A S	160/84A M	165/88A L	170/92A XL	档差	公差
衣长（A）	51	52.5	54	55.5	57	1.5	±1
胸围（B）	90	92	94	96	98	4	±1
腰围（C）	76	78	80	82	84	4	±1
肩宽（D）	38	39	40	41	42	1	±0.5
袖长（E）	51	52.5	54	55.5	57	1.5	±0.5
袖口大（F）	12	12.5	13	13.5	14	0.5	±0.3

工艺说明：
前衣身身弧形分割线，腰带上下两边，刀背缝处各缉0.5cm的单明线，口袋上3个褶，各缉0.15cm明线；右门襟锁圆头眼两个，钉两粒扣，袖口开衩

成品要求：
外形前后方正，袖子山头圆顺，前后袖山头一致，缝子挺直，没有水花和极光，防止烫黄变色。样衣要求缝线平整，绲线宽窄一致，整洁，无污迹，无线头

面料：薄型混纺花呢面料130cm，幅宽144cm

辅料：配色美丽绸120cm，幅宽110cm；有纺衬衬100cm，幅宽110cm（备用），牵条1m，树脂纽扣22mm 3+1个（备用），树脂扣12mm 4+1个（备用），配色缝纫线；商标、洗水标

款式说明：
此款为弯弧领女外套。两粒扣，款型较合体，前衣身采用弧形公主线，借用弧形分割线设两个口袋，袋口被小腰带遮住，后衣身正中破缝收腰，采用刀背缝；衣袖为两片袖，袖口开衩

表 4-17　弯弧领女外套样板规格表　　　　　　　　　　　单位：cm

号型 \ 规格 部位	衣长（L）	胸围（B）	腰围（W）	肩宽（S）	袖长（SL）	袖口大
160/84A	55	95	81	40.5	55	13

（3）由于后片为无肩省造型，后肩线比前肩线长 0.5 cm 作为后肩线的吃势，以符合肩胛骨的突起。

（4）为了准确把握衣袖的袖山高与衣身袖窿的关系，合理设置袖山吃势，使袖山弧线与衣身的袖窿弧线相协调，衣袖制图采用袖窿制作衣袖结构制图。袖窿作袖还能使衣身在袖底部的袖窿弧线与衣袖的袖底弧线完全一致，使衣袖在袖底无堆积量，形成良好的外观效果。该款衣袖为两片袖合体袖，要控制好袖山弧线的吃势，量不宜太大，约 2.5 ~ 3.5cm 为宜。

弯弧领女外套的结构制图如图 4-77 ~ 图 4-79 所示。

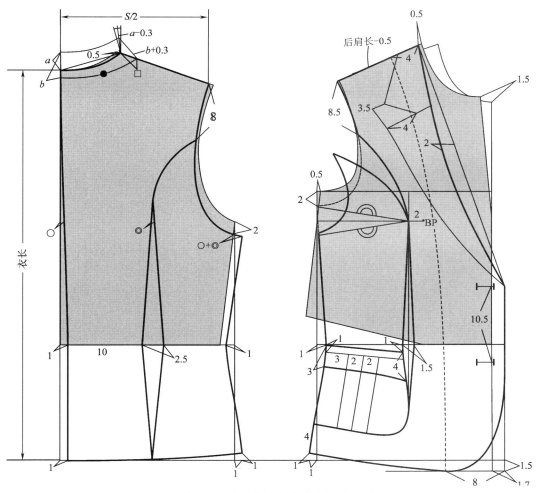

图 4-77　弯弧领女外套衣身结构制图

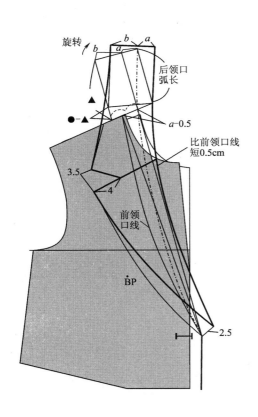

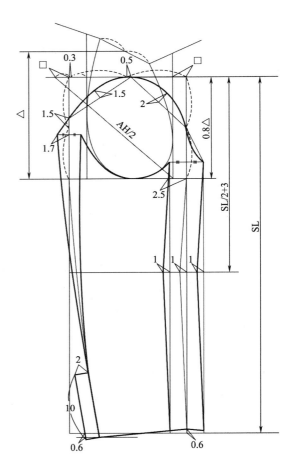

图 4-78　弯弧领女外套衣领、衣袖结构制图

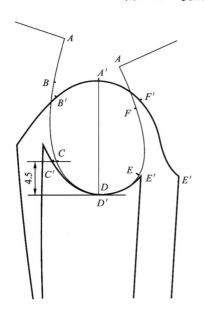

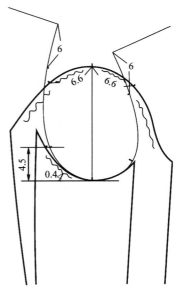

图 4-79　衣袖、衣身对位点设置

八、结构图审核

结构制图完毕，应对结构图进行审核。审核内容包括结构图的吻合性、规格的一致性及结构图的完整性，如图4-80所示。

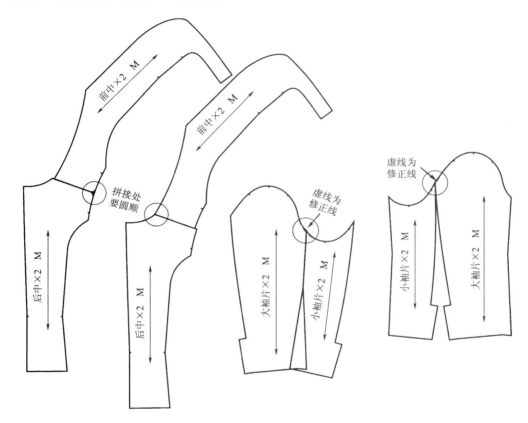

图4-80 检查结构图相关部位是否吻合

九、制作面料裁剪样板

面料裁剪样板及文字标注如图4-81所示。

十、制作里料裁剪样板

为了避免穿着时服装里料对面料的牵扯，成衣的里要比面松，所以里料样板需比面料样板稍大。此外，里布的省比面料的省稍小。

（1）衣片里料样板制作：要考虑背宽的松量和穿着时候的运动量，后中心要多放量。后衣片、侧衣片、前衣片的侧缝处加入0.3cm，所以缝份的大小比面料的大。在长度上加入0.6cm的松量，底边的缝份加1cm。

（2）衣袖里料样板制作：考虑到袖宽和袖长的机能性，在宽度上加放0.3cm，长度上

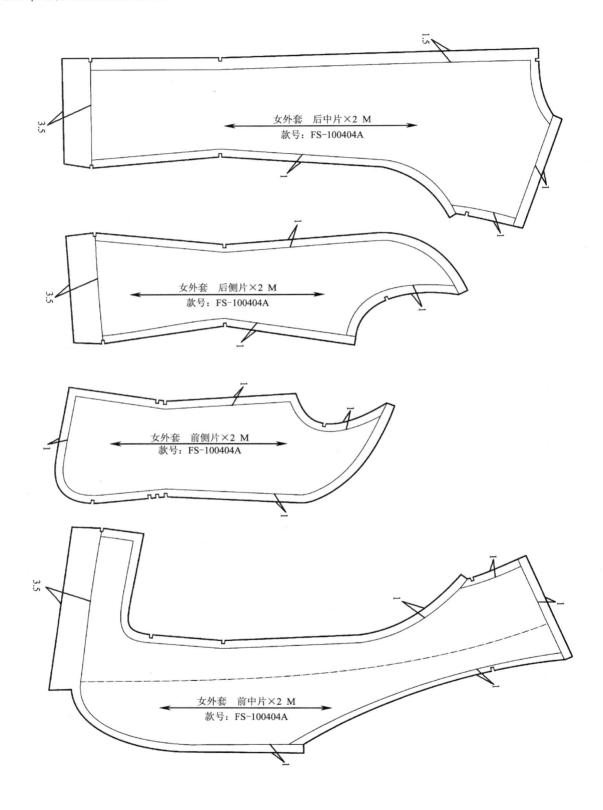

女外套　后中片×2　M
款号：FS-100404A

女外套　后侧片×2　M
款号：FS-100404A

女外套　前侧片×2　M
款号：FS-100404A

女外套　前中片×2　M
款号：FS-100404A

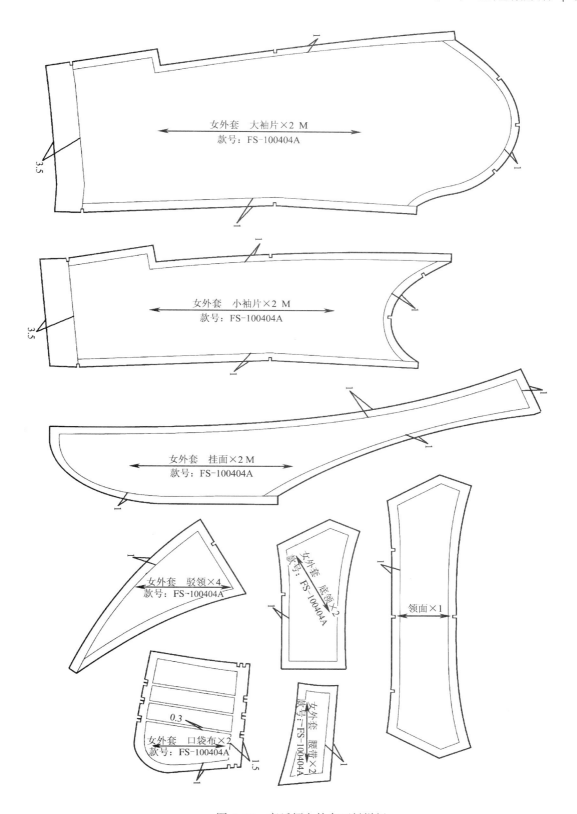

图4-81 弯弧领女外套面料样板

加放 0.5cm。

里布样板同面布样板一样，作上记号，标出丝缕方向，写上文字标注。里料裁剪样板
及文字标注如图 4-82、图 4-83 所示。

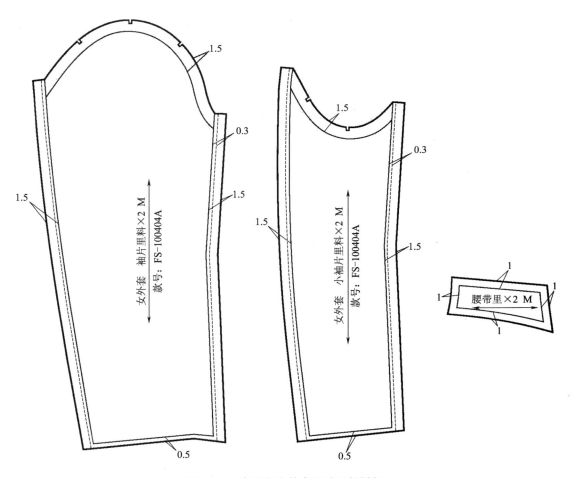

图 4-82　弯弧领女外套衣袖里料样板

十一、制作衬料裁剪样板

衬料裁剪样板及文字标注如图 4-84 所示。衬料裁剪样板是在面料裁剪样板（毛板）
的基础上，进行适当调整而得出。衬料的样板要比面料的毛样板稍小，一般情况下每条缝
分别小 0.2~0.3cm，这样便于黏合机粘衬。

（1）挂面、领面、领底、前中整片粘衬。为了使服装做好后轻薄柔软，前片部分粘衬，
可选择质地轻薄柔软的黏合衬。

（2）其他粘衬部位为后片领口、后袖窿、前袖窿、袖口及底边。

衬料样板同面料、里料样板一样，要作好丝缕线及文字标注。

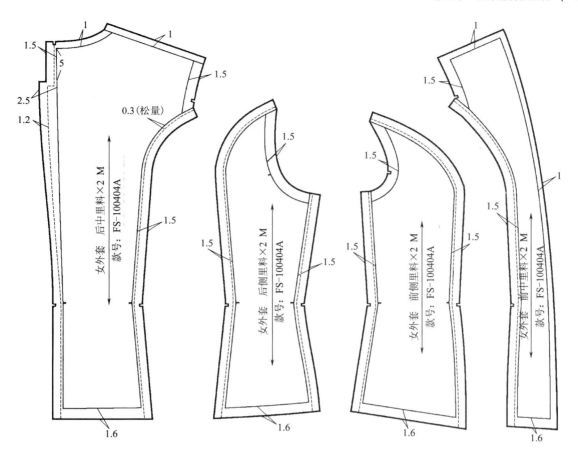

图 4-83　弯弧领女外套衣身里料样板

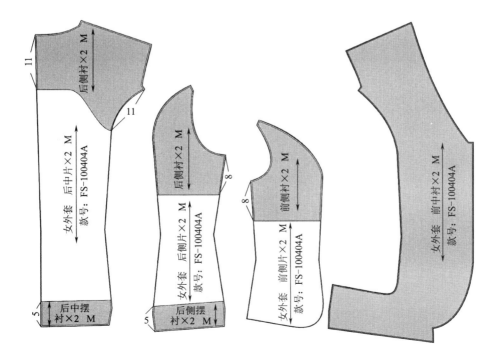

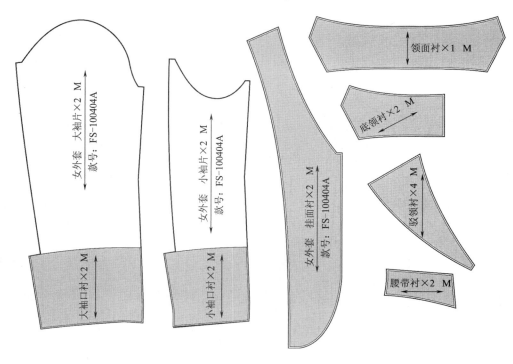

图 4-84　弯弧领女外套衬料样板

十二、制作工艺样板

工艺样板的选择和制作如图 4-85 所示。

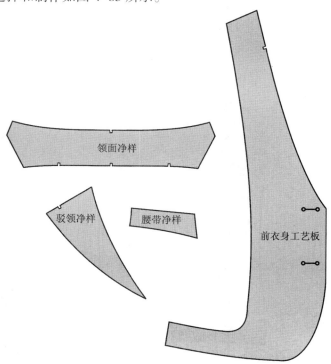

图 4-85　弯弧领女外套工艺样板

（1）领净样。用来划衣领的净缝线，四周都为净缝。

（2）驳领净样。用来划驳领的净缝线，以控制驳领的弯弧形状及大小，四周都为净缝。

（3）扣眼位样板：扣眼位样板是在服装做完后用来确定扣眼位置的，因此止口边应该是净缝，扣眼的两边锥孔，锥孔时注意应在实际的扣眼边进 0.2cm。

十三、样板复核

虽然样板在放缝之前已经进行了检查，但为了保证样板准确无误，整套样板完成之后，仍然需要进行复核，复核的内容包括：缝合边的校对；样板规格的校对；根据效果图或款式图检验；里料样板、衬料样板、工艺样板的检验；样板标记符号的检验。

十四、面料样板排料

面料样板排料如图 4-86 所示。

十五、服装成衣展示

服装成衣展示如图 4-87 所示。

十六、实训常见问题分析

在实训过程中，普遍存在如下问题：不能正确审视效果图，导致规格尺寸设计错误；主要围度如胸围、腰围、臀围加放量把握不准；服装结构制图存在一些问题；服装工艺制作不熟练等。

如图 4-88、图 4-89 所示为实训作业效果图，要求根据效果图制作全套样板并试制样衣。

图 4-90 是根据图 4-88、图 4-89 效果图制作的样衣。从样衣中可以看出存在如下问题：

（1）部分规格尺寸设计有误，如衣长与袖长规格设计偏长，衣长为 68cm，袖长为 60cm。从图 4-91 中可以看出，服装的衣长在臀围线附近偏下，袖长为九分袖，因此衣长的规格应设计为：前腰节长 38cm+ 臀高 18cm +4cm =62cm，袖长应设计为：常规袖长 56cm -6cm =50cm。

（2）胸围的规格尺寸设计为 94cm，160/84A 体型的人净胸围为 84cm，加放量为 10cm；臀围的规格尺寸设计为 94cm，160/84A 体型的人净臀围为 90cm，加放量为 4cm；下摆和臀围尺寸相同。由于制板时没考虑面料缩率和缩率，样衣做出来后规格尺寸不能达到所设计的规格，后衣身臀围处有绷紧现象，如图 4-90 所示。H 型服装臀围加放量一般为 5 ~ 6cm，此外还需考虑缩率（面料缩率和做缩率），普通面料在常规生产加工方式下缩率为 1cm。

（3）领部褶裥量偏小，褶裥位置不正确，如图 4-92 所示。根据效果图分析，褶裥位置应在驳折线的 1/2 处以上部位，褶量应在离止口 1/3 驳头宽处结束。如图 4-93 所示为褶裥位置及剪切展开褶量示意图。

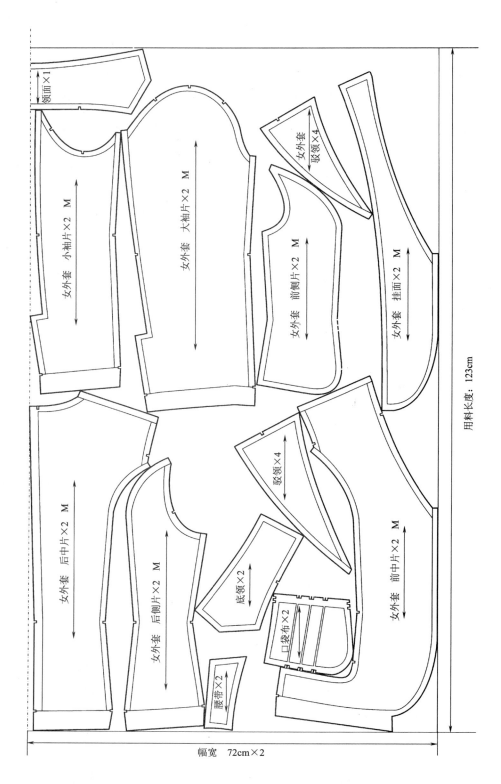

图 4-86 弯弧领女外套面料样板排料图

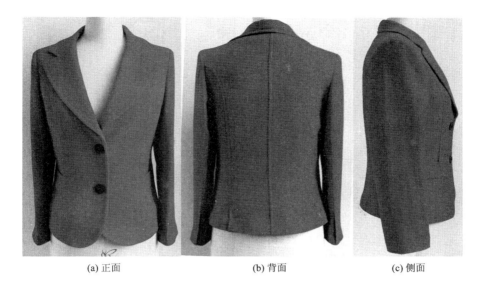

(a) 正面　　　　　　　　　(b) 背面　　　　　　　　　(c) 侧面

图 4-87　弯弧领女外套服装成衣展示

里袋示意图

分割示意图

图 4-88　实训作业效果图一

图 4-89　实训作业效果图二

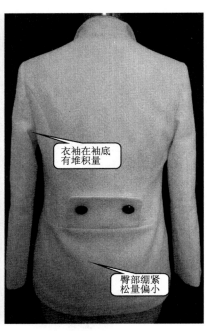

图 4-90　实训作业样衣图

（4）袖山吃势量安排不合理，袖山不圆顺；衣袖横向分割线设置错误；衣袖呈前倾状，和效果图不符；衣袖板型不美观；衣袖在袖底有堆积量，如图 4-90、图 4-94 所示。

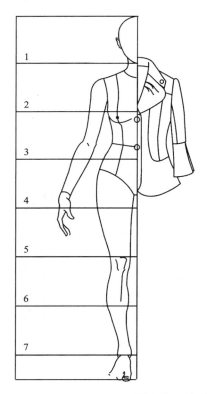
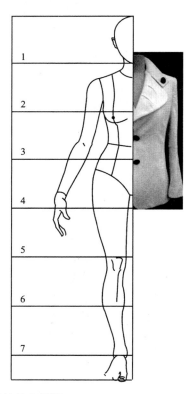

图 4-91　衣长及袖长分析图

图 4-92　实训作业衣领图示

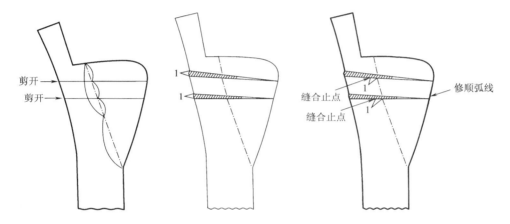

图 4-93　挂面剪切展开示意图

图 4-94　实训作业衣袖图示

图 4-95 为衣袖结构示意图。该款衣袖在一片袖的基础上进行变化。衣袖横向分割线设置在袖肘线处。袖肘线以上部分衣袖分割为两片，袖肘线以下部分运用剪切展开法在中间放出 8cm 褶量。图 4-96 为衣袖分割示意图，整个衣袖分割为三片。图 4-97 为小袖片修正示意图。小袖片的袖底弧线应和衣身袖窿的袖底弧线完全吻合，否则衣袖在袖底会产生堆积量。

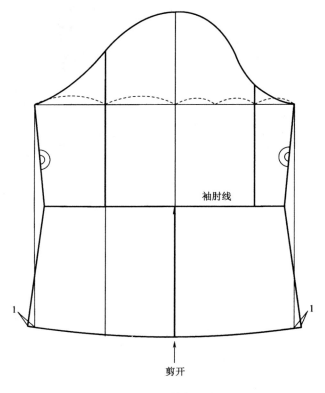

图 4-95 衣袖结构示意图

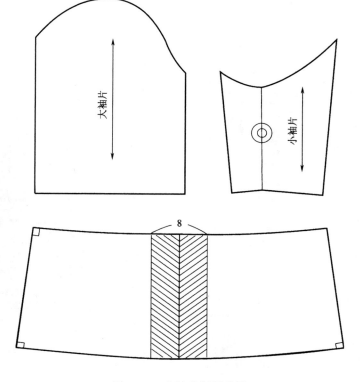

图 4-96 衣袖分割示意图

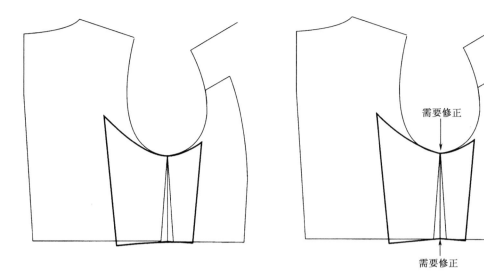

需要修正

需要修正

图 4-97　小袖片修正示意图

参考文献

［1］戴孝林，许继红.服装工业制板［M］.北京：化学工业出版社，2007.

［2］彭立云，徐春景.服装工业制板与推板［M］.南京：东南大学出版社，2006.

［3］杨新华，李丰.工业化成衣结构原理与制板：女装篇［M］.北京：中国纺织出版社，2007.

［4］邹奉元.服装工业样板制作原理与技巧［M］.杭州：浙江大学出版社，2006.

［5］张文斌.服装结构设计［M］.北京：中国纺织出版社，2006.

［6］彭立云.服装结构制图与工艺［M］.南京：东南大学出版社，2005.

［7］张祖芳.服装平面结构设计［M］.上海：上海人民美术出版社，2009.

［8］刘瑞璞.服装纸样设计原理与技术：女装编［M］.北京：中国纺织出版社，2005.